给孩子讲宇宙

李淼 王爽 著

湖南科学技术出版社　博集天卷

目录
CONTENTS

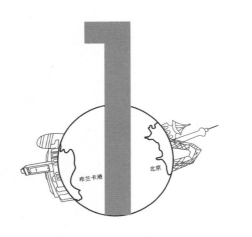

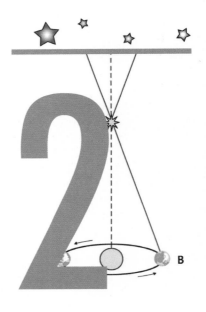

布兰卡港　　北京

地球是什么样的

第 1 讲

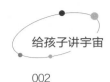

　　小朋友们应该都很熟悉微信的登录画面：一个孤独的小人，默默地看着一个蓝白相间的大圆球飘浮在茫茫太空之中。这其实来源于一张真实的图片，名叫蓝色弹珠，是阿波罗 17 号飞船的宇航员于 1972 年 12 月 7 日在太空中拍摄的。这个悬浮在太空中的大圆球，其实就是我们脚下这片大地的全貌。

　　但如果再继续追问"为什么大地是这个样子的？你是怎么知道的？"，恐怕很多小朋友就说不出个所以然了。其实大地到底是什么样的，是一个非常古老的问题，人类的各个主要文明对此都有自己的猜想。

　　比如说，中国历史上就长期存在着盖天说和浑天说的争论。周朝时，

人们都相信盖天说，认为"天圆如张盖，地方如棋局"；也就是说，天像一把圆形的大伞，笼罩在像一个正方形棋盘的平坦大地上。而汉朝天文学家张衡更青睐浑天说，他认为"浑天如鸡子，地如鸡中黄"；换句话说，天像一个巨大的鸡蛋壳，里面包裹着像蛋黄般的大地。

再比如说，古印度人认为，大地被驮在四头大象的背上，而四头大象又站在一只大海龟的背上。关于这个传说，还有一个好玩的故事。著名科

学家罗素曾做过一个描述我们所生活的这个世界的演讲。演讲结束之后，一个坐在后排的老妇人站起来，大声说："你完全是在胡说八道！大地其实是被驮在一只大海龟的背上的。"罗素很有涵养地问："那大海龟又站在什么上面呢？"老妇人答道："你确实很聪明，年轻人。不过那是一只驮一只，不断驮下去的海龟塔。"

古人这些关于大地的猜想是对的吗？咱们可以用一个实验来检验一下。现在我们从我国首都北京出发，坐飞机往东飞，大概飞上 13 个小时，就会到达美国最大的城市纽约。然后从纽约出发，继续坐飞机往东飞，大概飞上 7 个小时，就会到达英国首都伦敦。再从伦敦出发，继续坐飞机往东飞，大概飞上 11 个小时，你猜怎么着？我们又会飞回到最开始的出发地北京。

这个实验能告诉我们一件事：大地肯定是弯曲的，而不是平坦的。因为在这个实验中，我们一直都贴着大地表面往同一个方向飞。如果大地是平坦的，我们只会越飞越远，永远都没法飞回来。但事实上，我们飞着飞着，居然又飞回了出发的地方。这意味着大地本身必须是球形的，否则我们不可能在不知不觉间绕回来。仅凭这一点，我们就可以确定微信的大地图像比较靠谱，而古人的那些猜想都是错的。

你看，我们很轻松地证明了大地是球形的。但在没有先进交通工具的古代，人类可费了很大的力气才搞明白这件事。世界上第一个科学地论证大地是个圆球的人，是古希腊大哲学家亚里士多德。

亚里士多德出生在古希腊一个非常富裕的家庭，他爸爸是马其顿国王的宫廷御医。18 岁那年，亚里士多德进入了当时世界上的最高学府，雅

● 亚里士多德 ●

典的柏拉图学园。这是大哲学家柏拉图开办的学校。和我们今天的学校完全不同，柏拉图学园里没有一座教学楼，取而代之的是一个大公园；学生就像来参加聚会一样与柏拉图一起在公园里讨论、吃吃喝喝。估计有不少小朋友都会向往这样的学校。

亚里士多德天资聪慧，很快就从学生中脱颖而出。柏拉图很赏识他，管他叫"学园之灵"。亚里士多德也非常敬爱自己的恩师，写了不少诗来

赞美柏拉图。不过亚里士多德是一个很有主见的人，他并没有全盘接受柏拉图的学术观点。有一次学园集会，亚里士多德甚至当着众人的面毫不客气地反驳了柏拉图的观点。有人跳出来指责他不懂得尊敬老师，亚里士多德的回应后来成了千古名言："吾爱吾师，吾更爱真理。"

或许是因为学术观点的差异，柏拉图并没有选择亚里士多德做他的接班人。柏拉图死后，亚里士多德也离开了他生活了20年的雅典。在希腊各地漫游了几年后，他接受了马其顿国王的邀请，回到了他童年生活过的地方。在那里，他遇到了第二个影响他一生的人，一个13岁的矮个子男孩。那就是后来威震天下的亚历山大大帝。

此后的几年，亚里士多德一直陪伴在亚历山大身边，把希腊文明的精髓都传授给这个世界未来的君王，并和他建立了很深厚的个人感情。7年后，亚历山大继承了马其顿的王位，并且很快就征服了那些想闹事的希腊城邦。野心勃勃的亚历山大并没有就此满足，马上又把目光投向了东边的波斯帝国。就在他远征波斯前夕，亚里士多德作为国王的特使重回雅典。靠着亚历山大资助的大量土地和金钱，亚里士多德终于实现了自己的梦想，在当时的世界学术中心雅典建立了一个自己的学园。

亚里士多德是个很奇怪的老师，他不喜欢坐着讲课。上课的时候，他总要带着学生在花园里漫步，边走边讨论学术问题。正因为如此，人们把亚里士多德及其门徒称为"逍遥学派"。亚里士多德根据他的讲课笔记撰写了大量的学术著作，这就是历史上最早的教科书。这些著作的研究范围涵盖了当时人类所能涉及的一切领域，这让亚里士多德成了当时世界上最博学的人。在其中的一部著作《天论》中，亚里士多德第一次科学地论证了为什么大地是个圆球。

他是怎么发现这件事的呢？其实很简单。小朋友们都知道，在晴天出太

阳的时候，我们总能在地面上看到自己的影子。这是由于我们的身体挡住了太阳光，导致它无法照射到我们身后的地面。更细心的小朋友还会发现，我们影子的形状其实和我们的身体差不多。换句话说，只要能知道一个物体影子的形状，我们就能大致推断出这个物体到底长什么样。亚里士多德就想，既然我们搞不清整个大地的形状，那我们能不能弄清大地影子的形状呢？幸运的是，我们确实能看到大地在天上的影子，这就是所谓的月食。

下面给大家看一张描述月食发生过程的图。本来好好的圆月，像是被什么东西弄脏了似的，突然就黑了一块；黑色的斑块还会渐渐变大，最终吞没整个月亮。古时候，人们普遍觉得月食是件很不吉利的事情。比如，中国古代就流传着天狗吃月亮的传说，人们认为月亮是被一只凶恶的大狗吃了。所以月食发生的时候，家家户户都要走上街头敲锣打鼓，好把这只恶狗吓跑。不过在两千多年前，古希腊人发现，月食其实是大地飞到了太阳与月亮之间，挡住太阳光后留下的影子。亚里士多德仔细地观察了几次月食，发现了一件很有意思的事：每次月食时遮住月亮的黑斑，其边缘总是呈圆弧形。他据此推测出大地的影子应该是圆的，而这就意味着大地本身也应该是圆的。

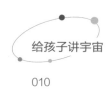

　　当然，观察月食时看到的毕竟只是大地的影子，并不能作为推断大地形状的直接证据。要想从根本上证明大地是球形的，必须像我们开始时做的实验那样，从某个地方出发，沿着一个方向一直走，最后还能回到出发点。这是一件非常困难的事，最早完成这一壮举的，是葡萄牙著名航海家麦哲伦。

　　可能有些小朋友知道，人类历史上有一个特别了不起的地理大发现的时代，叫作大航海时代。这个时代出了一些非常有名的航海家。比如哥伦布，他横渡大西洋，发现了美洲大陆；再比如达·伽马，他绕过好望角，找到了通往印度的新航线。而大航海时代的最后一位大航海家，就是我们前面提到的麦哲伦。

● 麦哲伦 ●

1519 年 9 月 20 日，受到西班牙国王资助的麦哲伦，带着一支由 5 艘船、约 270 人组成的远航队从西班牙塞维利亚城的外港圣罗卡扬帆起航。这是一次灾难性的航行，远航队一路上遇到了数不清的危险，包括饥饿、疾病、风暴、内讧和战争。很多时候，麦哲伦是靠坑蒙拐骗才渡过难关的。

比如说，麦哲伦的船队曾经到了太平洋上的一个小岛。当时远航队几乎耗尽了食物和水，岛上的土著又不肯伸出援手，眼看就要全军覆没了。恰好那时发生了一次月食，把不懂科学的土著们吓得半死。麦哲伦就趁机吓唬那些土著，说这次月食是他用法力变出来的，如果他们不满足他的条

件，他还会变出更多的月食给小岛带来灾祸。小岛的土著们吓得魂飞魄散，赶快乖乖地奉上水和食物。

不过好运并没有一直伴随着麦哲伦。在菲律宾，他卷入了当地土著间的战争，结果死在了那里。剩下的船员继承了他的遗志，继续进行这场环球航行。1522 年 9 月 8 日，远航队终于回到了他们一开始出发的地方——西班牙塞维利亚的外港圣罗卡。在经过了一千多天的远航后，最后回来的只剩下 1 艘船、18 个船员。虽然付出了惨重的代价，但是这次载入史册的伟大航行，以确凿无疑的证据证明了我们脚下的大地的确是球形的。从那以后，人们就把我们生活着的这片大地称为地球。

可能有些聪明的小朋友会问："你只是说了地球是个大圆球，但它为什么是球形的呢？"解答这个问题的关键是万有引力。

估计小朋友们都听过下面这个故事。有一天，伟大的牛顿爵士坐在一颗苹果树下，思考着天上的星星如何运动的大问题。突然有一颗熟透了的苹果掉了下来，正好砸在他的头上。没想到这么一砸，竟砸出了牛顿爵士的灵感。他马上意识到，在任意两个有质量的物体之间，都存在着一种彼此吸引的力，其大小与两个物体质量的乘积成正比，而与两个物体间距离的平方成反比。

这种力普遍存在于整个宇宙，既可以让成熟的苹果从树上掉下来，也可以让各大行星都绕着太阳转。这种无处不在的吸引力就是万有引力。

但其实，这个故事是法国大思想家伏尔泰在他所写的《牛顿哲学原理》中编出来的。伏尔泰宣称这个故事是从牛顿爵士的侄女那里听到的，但牛顿爵士本人留下的文字记录中却压根没提过这颗神奇的苹果。这是怎么回事呢？德国数学王子高斯提出了这样的猜想：有一天，一个讨人厌的家伙去找牛顿，非要问他是如何发现万有引力的。牛顿想尽快把这个人打发走，就忽悠他说："这是苹果砸到我头上砸出来的。"这段对话被牛顿的侄女听到，结果就让她信以为真了。

有了万有引力，我们就可以解释为什么地球是个大圆球了。喜欢玩滑梯的小朋友都知道，你只要一坐上滑梯，很快就会滑到地面上。为什么你会往下滑呢？因为地球对你施加了一个方向向下的引力。那为什么你会一直滑到地面呢？因为在坚硬的大地之上，只有地面处的引力能最小。

在物理学中有一个非常重要的原理：物体总想处于能量最小的状态。打个比方，有些比较懒的人，只要能坐着就绝不站着，只要能躺着就绝不坐着。为什么他们会觉得躺着最舒服？因为在躺着的状态下，他们对抗地

球引力所消耗的能量最小。

现在我们把这个原理推广到整个地球。很明显，地球本身也想处于一个引力能最小的状态。那什么情况下整个地球的引力能会达到最小呢？答案就是，当它处于球形的时候。这个规律是普适的。那些其他的大质量天体（包括我们熟悉的太阳和月亮）都是球形的，就是这个道理。

好了，现在我们已经知道地球是一个大圆球了。那么接下来一个很自然的问题就是：这个圆球到底有多大？我们还是秉承科学的精神，继续用

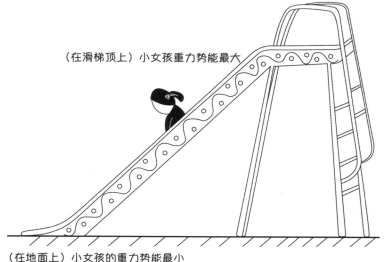

（在滑梯顶上）小女孩重力势能最大

（在地面上）小女孩的重力势能最小

实验来检验一下。

　　我们还是从北京出发。由于这回要测量的是整个地球的大小，上次实验的飞行路线就不能用了，因为它绕的并不是地球上最大的圆。这次我们需要飞到地球另一面，那个离北京最远的地方，然后再飞回来。科学上，我们把这个最远的地方叫作对跖点。而北京的对跖点是阿根廷的一个港口城市，名叫布兰卡。

　　好了，现在我们出发前往布兰卡港。由于没有直达的航班，我们必须中转。最近的航线是下面这条：先从北京飞到美国的达拉斯，再从达拉斯飞到阿根廷首都布宜诺斯艾利斯，最后从布宜诺斯艾利斯飞到布兰卡港。很明显，这是一条往东飞的航线。接下来，我们还是继续往东飞：先从布兰卡港飞到布宜诺斯艾利斯，再从布宜诺斯艾利斯飞到荷兰首都阿姆斯特丹，最后从阿姆斯特丹飞回北京。这样，我们就绕出了地球上最大的圆。不算中途候机的时间，完成这样的环球旅行大概需要在天上飞 50 个小时，比麦哲伦的环球航行轻松多了。我们知道，飞机的平均飞行速度是每小时 800 到 1000 公里。只要用时间乘以速度，小朋友们就可以很容易地算出，地球的周长是 4 万到 5 万公里。

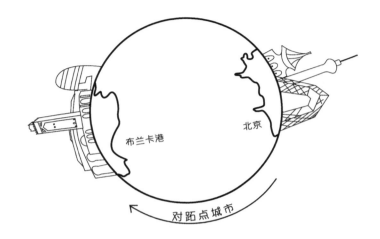

布兰卡港

北京

对跖点城市

当然，在过去没有飞机的年代，这样的实验就做不成了。不过科学家依然想出了测量地球大小的好办法。世界上第一个准确地测出地球周长的人，是古埃及著名哲学家埃拉托色尼。

我们前面提到过，亚里士多德有一个学生，人称亚历山大大帝。30 岁的时候，亚历山大大帝就已经先后征服了希腊、埃及和波斯，建立了一个超级庞大的帝国。可惜帝国没建立多久，他就病死了。随后内战爆发，他麾下的几个将军瓜分了他的帝国。其中一个将军叫托勒密一世，他分到了整个埃及，并在那里建立了一个后来延续两百多年的托勒密王朝。这个王朝定都于亚历山大市，被誉为"世界七大奇迹"之一的亚历山大灯塔就位于这座城市。

托勒密一世虽然靠打打杀杀上台，但在内心深处却是个文化人。他创建了著名的亚历山大图书馆，决心要"收集全世界所有的书"。他的继承人也很看重这个图书馆，高薪聘请了很多世界著

● 埃拉托色尼 ●

名的学者。比如几何之父欧几里得、力学之父阿基米德，都曾在这个图书馆里长期工作过。而到了第三代国王托勒密三世统治时期，图书馆迎来了一位新馆长，他就是被后世誉为"地理学之父"的埃拉托色尼。

埃拉托色尼是一位很敬业的馆长。他想尽了一切办法来扩大亚历山大图书馆的藏书量。在他刚上任的时候，全世界藏书最多的图书馆还在希腊。而在那个印刷术还未发明的年代，所有的书都是手稿。埃拉托色尼向希腊的图书馆付了很多钱，把大量图书都借来临摹副本。这些副本临摹得特别好，完全达到了以假乱真的程度。所以在还书的时候，埃拉托色尼就非常奸诈地只还了副本，而把真品都留在了亚历山大图书馆里。靠着种种正当或不正当的手段，亚历山大图书馆迅速成为当时世界上最大的图书馆。

在日常管理之余，埃拉托色尼也会充分利用图书馆的资源进行学术研究。他是一个全才，在数学、物理、天文、地理、诗歌、戏剧等多个领域都做出了划时代的贡献。不过他最有名的工作，还是对地球周长的测量。

在埃及南部城市赛伊尼（今天叫阿斯旺，著名的阿斯旺大坝所在地）附近，有一个位于尼罗河中间的河心岛。岛上有一口深井，在夏至日的正午时分，太阳光恰好可以直射井底。这意味着，此时太阳正好处于赛伊尼的正上方。这个现象非常有名，每年都吸引了大批游客前来观赏。而埃拉托色尼发现，它其实也可以用来测量地球周长。

右页这张图就是埃拉托色尼测量地球周长的原理图。图中的紫色长方形就代表赛伊尼的那口井。在夏至日的正午时分，红色平行线所表示的太阳光可以直射在这口井的井底。就在同一时刻，埃拉托色尼在距离赛伊尼将近800公里（这个距离是他雇一个埃及商队量出来的）的亚历山大市测量一个很高的方尖塔（橙色图案）的阴影长度，并以此算出亚历山大市方尖塔和太阳光射线之间的夹角（绿色图案），结果是7度左右。运用简单的几何学知识，我们可以知道赛伊尼和亚历山大市之间的圆弧相对于地球球心的角度也是7度左右。这意味着，两者之间的距离大概是地球周长的

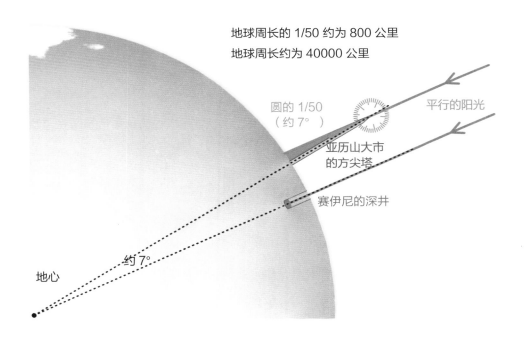

地球周长的 1/50 约为 800 公里
地球周长约为 40000 公里

圆的 1/50
（约 7°）

平行的阳光

亚历山大市
的方尖塔

赛伊尼的深井

约 7°

地心

1/50。这样埃拉托色尼就测出了地球的周长，测量结果是 39375 公里。

这是人类历史上最有名的实验之一。埃拉托色尼的测量结果相当准确，以至于 1800 多年后才有人超越他。这个超越他的人曾是一名英国水手，名叫理查德·诺伍德。

26 岁那年，诺伍德离开英国，坐船前往英属殖民地百慕大群岛。他为

什么要跑到那么远的地方呢？因为有人忽悠他，说那里有很多很多的珍珠，捞到了可以发大财。结果他跑到那儿一看，珍珠早就被别人捞光了，诺伍德不得不改行去给当地政府绘制地图。靠着对几何学的精通，诺伍德成功地绘制出了当时最精确的百慕大地图。也正是这次经历让诺伍德萌生了测量地球周长的想法。

后来诺伍德回到英国，在伦敦的一所中学做了一名数学老师，但他一直没有忘记那个测量地球大小的梦想。1633 年的夏至日，他终于付诸行动，开始了一次历史罕见的、单枪匹马测量地球周长的壮举。诺伍德以伦敦塔为起点，一步一步地向北走去，边走边测量走过的距离。这次测量持续了整整两年。在这两年间，他一丝不苟地记录着每天走过的距离，并对道路起伏等干扰因素进行了仔细的修正。最后，在 1635 年的夏至日，他终于到达了目的地约克，并在那里重复了埃拉托色尼著名的角度测量实验。诺伍德算出地球的周长是 39860 公里。

诺伍德把他对地球周长的测量写进了一本书，书名是《水手的实践》。这本书让诺伍德名声大噪。就连大名鼎鼎的牛顿爵士都在他的传世名著《自然哲学的数学原理》中引用了诺伍德的测量结果。成名之后的诺伍德又重回百慕大，并在那里建立了当地的第一所学校。可惜的是，后来诺伍德过得并不太平。在他生命的最后20年，审判巫师的活动逐渐在百慕大群岛盛行起来。诺伍德害怕别人把自己那些写满神秘符号的几何学论文当成与魔鬼交流的证据，结果在整天提心吊胆的状态下度过了自己的晚年。

随着科技的进步，尤其是卫星探测技术的应用，现在人们对地球的形状和大小有了更深的认识。科学家发现，由于地球一直在自转，因此它并不是一个完美的圆球，而是一个赤道略鼓、两极略扁的椭球体。给你们看张图，你们就清楚了。根据人造卫星的测量，地球的赤道半径（也就是球心到赤道的距离）略大，有6378.1公里；

而它的极半径（也就是球心到极地的距离）略小，有6356.8公里。不过两者的差距很小，只有千分之三，所以我们还是可以把地球看成是一个比较标准的大圆球。

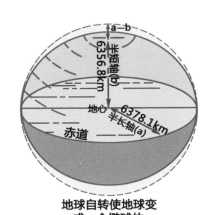

地球自转使地球变成一个椭球体

我们平时常说的地球周长，一般是指赤道的长度；根据卫星测量的结果，它有40075公里。这是什么概念呢？我们都知

道，世界上有一项挑战人类极限的运动，叫马拉松。马拉松是一个长跑比赛，参赛者总共要跑42.195公里，大概相当于绕着中学操场的跑道跑上105圈半。假设有一个非常厉害的长跑运动员，每天都能跑一场马拉松，那他大概需要不间断地跑上950天，才能够环绕地球一圈。对于我们人类，地球就是这样的庞然大物！

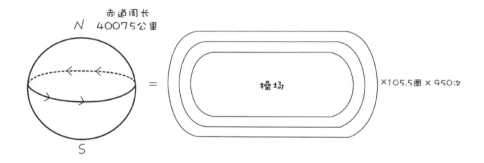

讲到这里，想必大家已经对我们的美丽家园有了一个基本的印象。由于万有引力的影响，地球是一个比较标准的大圆球；它的周长约为4万公里，需要跑950个马拉松才能环绕一圈；它像一颗蓝色的弹珠，孤零零地飘浮在太空之中。但是，这一切全都是在地球附近看它所得到的印象。在本讲的最后，我们要给大家展示一下，从遥远的太阳系边缘看地球，到底是什么样的。

不过在此之前，我们要先给大家讲讲人类航天史上一个最具传奇色彩的太空探索项目——旅行者号空间探测器。说到太空探索，有一个不得不提的重要人物，就是美国数学家迈克尔·米诺维奇。在1961年，米诺维奇还只是加州大学洛杉矶分校数学系的一个研究生。当时他在研究一个非常难的数学问题，叫三体问题。

想必有不少小朋友对"三体"这个名词已经不陌生了。这要归功于我国著名科幻作家刘慈欣写的系列科幻名著《三体》。三体问题研究的是三个有质量的物体在万有引力作用下的运动规律。而米诺维奇主要关心其中一种特殊情况：一个从地球发射的航天器，在经过太阳系中的其他行星时会发生什么？

这是一个困扰了学术界300多年的难题。就连大名鼎鼎的牛顿爵士也对它无可奈何。那为什么一个初出茅庐、名不见经传的研究生敢啃这样的硬骨头呢？因为他有一个连牛顿爵士都没有的秘密武器。

米诺维奇的秘密武器就是加州大学洛杉矶分校的IBM-7090计算机。这台计算机非常大，它的各个仪器部件摆满了整个房间。别看IBM-7090

这么大，它的计算速度其实相当慢，比今天最差的笔记本电脑还要慢得多。慢就不说了，它还特别贵，一旦开机，每小时就得花掉 1000 美元。要知道，当时美国家庭的平均年收入也才 5000 多美元。换句话说，你要是用这台电脑玩上 5 个小时的游戏，一年内全家人就得陪你一起喝西北风了。尽管如此，加州大学洛杉矶分校还是全力支持米诺维奇的研究，让他可以想用多少小时电脑就用多少小时。

米诺维奇的研究结果表明，航天器在靠近某颗行星的时候，会被它的引力所吸引。由于行星本身也在以很高的速度绕太阳旋转，它就会带着航天器和它一起跑，从而把自己的速度也传给航天器。这有点类似于一个人在火车上跑步：火车不开时，他的速度不会特别快，火车一旦开了，就会带着他一起跑，从而使他相对于地面的速度大大增加。这样，只要航天器不被行星捕获，它离开行星时的速度就会比原来大很多。换句话说，这些行星就成了能给航天器加速的太空加油站。这个"引力弹弓"效应是人类航天史上一个里程碑式的发现。在此之前，人类发射的航天器最远也到不了火星；而在此之后，人类就有了探索整个太阳系的能力。

1964 年，另一个至关重要的人物也登场了。他叫加里·弗兰德罗，当

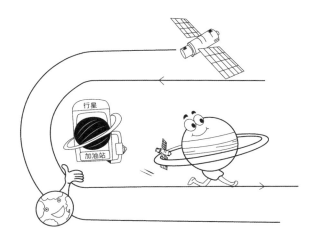

时他还是加州理工学院的一个研究生。那年夏天，弗兰德罗跑到 NASA（美国国家航空航天局）下属的一个实验室去做暑期实习。可是实验室的人根本不重视他，给他找了一份技术含量不高的差事，让他去计算从地球飞往其他行星都有哪些可能的航线。弗兰德罗觉得自己被别人晾在了一边，这让他颇为沮丧。

尽管不开心，弗兰德罗还是兢兢业业地完成了自己的工作。在测算了上百条平淡无奇的航线之后，他发现了一条意义非凡的航线，就是下页这张图显示的这条。

我来给小朋友们解释一下这张图。我们知道，太阳系中有很多行星，

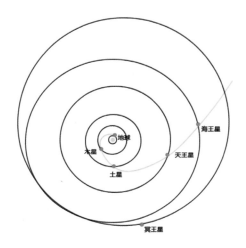

这些行星有一个共同的运动规律，那就是它们只能在同一个平面上绕着太阳旋转。这有点像是学校运动会的田径比赛，运动员们必须在学校操场所在的平面上跑步，而不能往位置更高的主席台或观众席上跑。

弗兰德罗的计算表明，如果在 1976—1977 年间向木星方向发射一个航天器，依靠我们前面讲过的"引力弹弓"的帮助，它可以一次就同时游历木星、土星、天王星和海王星这四大行星！此外，正常情况下飞往海王星需要花 40 年，但如果飞这条航线，就能把航行时间一下缩短到 12 年！这是一次百年不遇的机会。若是到 1977 年还不能把航天器发射出去，下一次机会人类就得再等上 176 年。

但这同时也是一个极度疯狂的主意。那时人类的航天器连火星都没去过。在这种情况下，策划一次同时游历木星、土星、天王星和海王星的航行，其疯狂程度就相当于让连冲出亚洲都办不到的中国男足直接策划如何夺得世界杯冠军。

不过，NASA 向来不缺少疯狂的人。经过仔细的论证，NASA 决定全力支持这个被称为"大旅行"的计划，到 1977 年时发射旅行者号探测器去探索太阳系。这意味着他们只有短短 12 年的时间来突破大量前所未有的技术难关。此外，他们还要面对另一个巨大的难题，那就是钱。要想完成这么宏大的计划，他们必须从政府那里拿到大量经费；而要想从政府那里拿到大量经费，他们又必须向国会和公众证明这次宇宙探索具有的意义和价值。这时候，有个人站了出来，他就是美国著名天文学家、科普作家卡尔·萨根。

1939 年，5 岁的卡尔·萨根和父母一起参观了在纽约举办的世界博览会。在博览会上，一个非常特别的仪式把小萨根牢牢地吸引住了，那就是"西屋时间胶囊"的掩埋仪式。"西屋时间胶囊"是美国西屋电器公司打造的一个鱼雷状的金属容器，里面放着很多代表时代特点的物品，以及一封爱因斯坦写给后人的信。这个时间胶囊被庄严地埋在博览会举办地——纽约法拉盛公

园的地下，要在 5000 年之后，也就是公元 6939 年才会被重新打开。把代表时代特点的物品寄给未来人的概念，让年仅 5 岁的卡尔·萨根深深着迷。

　　长大以后，卡尔·萨根成了一名天文学家，并参与了 NASA 的"大旅行"计划。或许是受"时间胶囊"的启发，他提出了一个非同凡响的想法，要在航天器上放置能代表地球特色的物品。卡尔·萨根和同事一起刻录了被称为"地球之音"的金唱片，放在旅行者号探测器上，其中包含大量展示

地球上丰富多彩的生命和文明的声音和图片。此外，唱片还收录了用 55 种不同语言说出的祝福、长达 90 分钟的世界各国的音乐，以及美国总统和联合国秘书长的问候。卡尔·萨根希望，如果有朝一日外星文明能发现旅行者号，它们就可以通过金唱片来了解我们的世界。这个与外星文明交流的想法，点燃了公众对太空探索的巨大热情。

1977 年，"大旅行"计划的两个空间探测器，旅行者 1 号和旅行者 2 号成功发射。它们一起拜访了木星和土星。随后，两兄弟分道扬镳。旅行者 1 号在近距离观察了土星的第六颗卫星"泰坦"以后，离开了太阳系所在的平面，朝银河系中心的方向飞去。而旅行者 2 号则按原定的计划，留在了太阳系平面，继续拜访天王星和海王星。它们传回了大量珍贵的图片和数据，让人类得以用前所未有的精度来研究太阳系的这些外围行星及数量众多的卫星。目前，这两个旅行者号空间探测器已经成了人类历史上飞得最远的航天器。它

● "地球之音"金唱片 ●

们已不再是两个单纯的科学仪器，而是两座象征着人类智慧的丰碑。

让我们言归正传。1990 年 2 月 14 日，旅行者 1 号完成了人类给它布置的最后一个任务。它转过身，从太阳系平面之外、距离地球 60.5 亿公里之遥的地方，拍下了整个太阳系的全家福。下面这张图片，就是全家福中最著名的照片。

这张照片叫"暗淡蓝点"。大家有没有看到那个用圆圈标记出来的小小的圆点？一个稍微带那么一点蓝色、放大前的实际大小只有十分之一像素的小圆点。这就是之前说过要向你们展示的、从太阳系边缘看过去的地球的样子。这是人类拍摄的最有名的太空图片之一，它是迄今为止飞得最远的航天器对地球最后的回眸。

关于这张照片，卡尔·萨根在一本名叫《暗淡蓝点》的科普书里这样写道："再看看这个点吧。它就在那里。那就是我们的家，我们的一切。在它上面，有你爱的、认识的和听说过的每一个人。历史上的每一个人，都在它上面度过了自己的一生。所有的欢乐和痛苦，所有言之凿凿的宗教、意识形态和经济思想，所有的猎人和强盗，所有的英雄和懦夫，所有文明的创造者和毁灭者，所有的皇帝和农夫，所有热恋中的情侣，所有的父母、孩子、发明者和探索者，所有的精神导师，所有的政治家，所有的超级明星，所有的最高领导人，所有的圣徒和罪人，从人类这个种族存在的第一天起——全都在这粒悬浮在太阳光中的尘埃上。"

地球是什么样的？它是一颗蓝白相间的球形弹珠，也是一粒悬浮在茫茫太空中的微小尘埃。

1 　 "阿波罗"计划是 NASA 于 20 世纪 60 至 70 年代进行的一项载人登月工程。在 1969 年 7 月，阿波罗 11 号飞船首次登陆月球，并让美国宇航员阿姆斯特朗成了历史上登陆月球的第一人。阿波罗 17 号飞船是此计划派出的最后一艘登月飞船。

2 　 "阿波罗"计划中最有名的飞船是阿波罗 13 号。它在前往月球的途中发生了爆炸。但在 NASA 科学家的帮助下，3 名宇航员还是乘坐着严重受损的飞船，九死一生地返回了地球。

3 　 严格说来，张衡其实应该算一个发明家。世界上第一台测定地震方位的仪器就是他发明的。

4 　 罗素是一个跨界达人。后人普遍认为，他贡献最大的领域，第一是哲学，第二是数学，第三是文学。即使在相对而言贡献比较小的文学领域，他也获得了诺贝尔文学奖。

⑤ 柏拉图是苏格拉底的学生，同时也是亚里士多德的老师。后人常把他们三人并称为"希腊三贤"，认为他们是西方哲学的奠基人。

⑥ 柏拉图40岁的时候，在雅典城外一个叫阿卡德米（Academy）的地方创立了世界上最早的高等学府。后人把高等学术机构称为Academy，就是来源于此。

⑦ 亚历山大的父亲腓力二世也是一个雄才大略的国王。有一次，当亚历山大得知自己的父亲又征服了一片新土地的时候，竟然哭诉道："难道父亲不打算留下一点土地来给我征服吗？"

⑧ 除了月食，亚里士多德还发现了另一个能证明大地并不平坦的现象：一艘在海上的船，如果航行得离海岸足够远，就会明显地跑到地平线的下面。

⑨ 牛顿爵士的童年过得非常悲惨。在他出生前三个月，他爸爸就死了。在他3岁那年，他妈妈为了钱，嫁给了一个年纪比她大很多的男人，而把牛顿丢给了他的外婆抚养。上小学的时候，个子矮

小的牛顿经常被班上的坏男孩欺负，有时甚至会被打得头破血流。或许正是由于这些不幸的遭遇，牛顿爵士一生孤独。但孤独也赋予了他常人无法想象的力量。

⑩ 牛顿爵士其实并不打算出版《自然哲学的数学原理》。是天文学家哈雷的一再坚持，才让这部传世名著得以问世。英国皇家学会刚刚在一本叫《鱼类志》的书上赔了不少钱，因此不愿承担出版的费用，哈雷只好自己掏钱出版此书。

⑪ 牛顿爵士从来都不觉得自己是物理学家，他一直把自己当成"自然哲学家"。因为在那个年代，像数学、物理、化学这样的自然科学还没有从哲学中真正地分离出来。一直到今天，西方国家仍习惯于把理工科的博士称为"哲学博士"。

⑫ 严格说来，布兰卡港其实只是离北京对跖点最近的城市。真正的北京对跖点在布兰卡港旁边的潘帕斯草原上。

⑬ 学生时代的埃拉托色尼有一个绰号，叫"万年老二"。那个处处

胜他一筹的人就是他的朋友阿基米德。

⑭ 别说一台 IBM-7090 计算机，就算把"阿波罗"计划所使用的全部电脑加起来，计算能力也比不过今天一台普通的笔记本电脑。

⑮ 在留给 5000 年后的地球人的信中，爱因斯坦这样写道："我们的时代充满了创造性的发明，这大大方便了我们的生活。我们用电能把人类从繁重的体力劳动中解放出来；我们能横渡大洋；我们学会了飞行；甚至通过电波，我们能轻松地把消息传送到世界的每一个角落。但是，商品的生产和分配却完全是无组织的，人们不得不为自己的生计焦虑地奔忙。而生活在不同国家的人们，总是过一段时间就要互相杀戮。这让每个想到将来的人都充满忧虑和恐惧。因为与那些真正为社会做出贡献的人相比，普通大众的智力水平和道德品格都要低得多。我相信我们的后人，应当会怀着一种理所当然的优越感，来阅读上面这几行文字吧。"

⑯ 从 1939 年的纽约世界博览会开始，埋下一个自己的"时间胶囊"已经成为每个世博会主办城市的惯例。

⑰ 卡尔·萨根最有名的科普作品其实并不是书，而是一部叫《宇宙》的科普纪录片。

⑱ "地球之音"金唱片中收录了古典音乐教父巴赫的三首作品，他也是唯一一个有三首作品入选的音乐家。金唱片中还收录了一段来自中国的音乐，那就是用古琴演奏的《流水》。

⑲ 为什么旅行者1号要放弃原定的路线，专程去拜访土星的第六颗卫星"泰坦"呢？因为"泰坦"是太阳系内唯一一颗拥有浓厚大气层的卫星。一篇发表在《天体生物学》杂志上的学术论文甚至把"泰坦"评为"最宜居外星世界"榜单的第一名。

⑳ 绝大多数的NASA科学家其实都不想拍"暗淡蓝点"的照片，他们觉得拍这样的照片没什么用。要不是卡尔·萨根的一再坚持，我们就看不到这张著名的照片了。

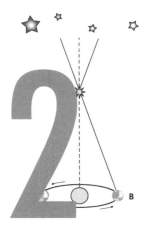

宇宙是什么样的

第 2 讲

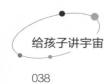
　　经过上一讲的学习，小朋友们应该对地球有了一个空间上的概念：它只是一粒普普通通、悬浮在茫茫宇宙中的微小尘埃。别看简单，这其实是一个非常了不起的认知。因为在历史上绝大多数的时间里，人类一直相信地球是一种极为特殊、至高无上的存在。

　　从亚里士多德的时代开始，人类就一直认为地球是宇宙的中心。这源于一个非常简单的观察：日月星辰都在周而复始地围绕地球旋转。基于这种观念，大约在公元 140 年，古埃及天文学家托勒密建立了历史上第一个比较靠谱的宇宙学模型，这就是地心说。

　　右页图展示了地心说的宇宙图像。地球坐镇宇宙的正中心并保持静止，从内向外依次是月球、水星、金星、太阳、火星、木星和土星。月球和太阳都在围绕着地球做圆周运动。而其他五颗行星，它们的运动情况很像游乐园里的旋转咖啡杯：首先，它们都在一个叫本轮的小圆上旋转；其次，本轮的圆心也在一个叫均轮的大圆上绕地球运动。换言之，五颗行星的运动轨迹是由本轮和均轮这两个圆周运动组合而成的。更外面，则是一个水晶球似的巨大球壳，叫恒星天，其他星星全都镶嵌在这个恒星天的内壁上。托勒密的地心说是一个比较完善的科学理论，可以很好地解释当时的各种天文学现象。因此，它被人们奉为经典，统治了学术界长达约1400年之久。

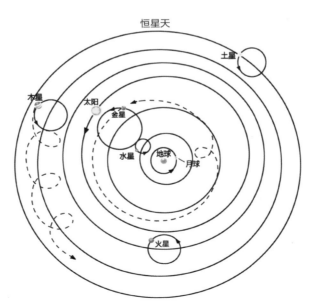

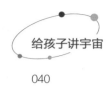

　　一直到公元 1543 年，地心说的统治地位才发生动摇。那一年，波兰天文学家哥白尼出版了著名的《天体运行论》，书中提出了一个新的宇宙学模型，也就是我们今天熟悉的日心说。下图描绘了日心说的宇宙图像。这次换成太阳坐镇宇宙的正中心；从内向外依次是水星、金星、地球、火星、木星和土星，都在围绕着太阳做圆周运动。更外面，则是与地心说一样的恒星天。小朋友们可以看到，与地心说相比，用日心说来描绘宇宙要简洁很多，不用又是本轮又是均轮地画上一大堆圆圈了。

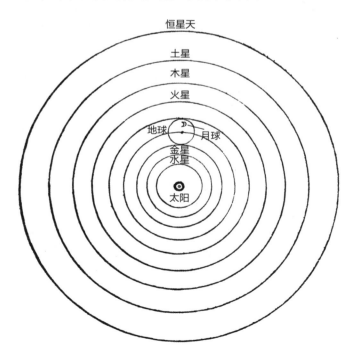

其实哥白尼早在 40 岁的时候就已
经写出了《天体运行论》，但直到整整
30 年后，他才将此书正式出版。这是
由于在那个年代，天主教会还是欧洲的
统治者，而赋予地球至高无上地位的地
心说，早已被整合成天主教神学体系的
一部分，是摸不得的老虎屁股。为了避
免被秋后算账，哥白尼耍了一个滑头。
他选择在他不久于人世的时候出版《天
体运行论》，这样就算罗马教廷要找他
麻烦，也没法拿一个死人怎么样了。

● 伽利略 ●

现在有两个关于宇宙的理论：地心说和日心说。到底哪个才是对的呢？
人们为此争论了好几十年，也争不出个所以然。直到 17 世纪初，一位科学
巨人的出现才打破这个僵局。

1608 年，荷兰一家眼镜店的老板偶然间发现用两块前后放置的镜片可
以看清远处的物体，进而造出了人类历史上的第一架望远镜。这个消息传

到了意大利，引起了大科学家伽利略的浓厚兴趣。1609 年，伽利略造出了一个质量更好的望远镜，能把远处的物体放大 30 多倍。他把这个望远镜放在了一个塔楼的顶层，并邀请威尼斯的一些达官贵人前来观看。这个新奇的玩意儿让所有访客都大呼过瘾，也给伽利略带来了事业上的进步。不久，佛罗伦萨公国的大公就向他发出邀请，高薪聘请他担任佛罗伦萨的首席宫

廷科学家。伽利略接受了邀请，这让很多威尼斯人大为不满。比如，有一个叫克莱默尼尼的哲学家，曾经向伽利略借过一笔钱，当他得知伽利略要离开威尼斯时，立刻大骂伽利略是个叛徒，然后就耍赖不还钱了。

如果仅仅是改进了望远镜，在科学上并不会产生多大的影响。但伽利略接下来又做了一件事，这件事标志着现代天文学，甚至是整个现代科学的诞生。可能小朋友们会好奇，伽利略到底做了什么事，能有这么厉害？答案是他把望远镜指向了太空。

小朋友们应该都听过阿里巴巴和四十大盗的故事。阿里巴巴跟踪一伙强盗，来到了一个山洞前。在说出"芝麻开门"的咒语后，他打开山洞的大门，发现里面藏有数不清的财宝。阿里巴巴第一次发现财宝的心情，应该就和伽利略第一次用望远镜看太空的心情差不多。望远镜为人类打开了一扇通往新世界的大门。伽利略用它看到了很多前所未见的景象，例如太阳的黑子、月球的陨石坑、木星的四颗卫星和土星的巨大光环。此外，他还发现了一个至关重要的现象，强烈地支持了哥白尼的日心说。这个现象叫金星盈亏。

什么是金星盈亏呢？给大家看一张图，你们就明白了。我们都知道，

月球是有盈亏的。为什么它会有盈亏呢？因为月球本身不发光，只能反射太阳光。由于月球一直都绕着地球旋转，它既可以跑到地球和太阳中间，也可以跑到地球背后。农历初一的时候，月球会跑到地球和太阳中间，这时月球会把后面射来的太阳光挡住，我们就看不见它，这就是"亏"，也叫新月；而农历十五的时候，月球会跑到地球背后，这时它可以完全地反射太阳光，我们就能看到一轮最圆的明月，这就是"盈"，也叫满月。类似地，如果金星一直处于地球和太阳中间，就会挡住太阳光，形成类似于新月的状态。反过来，如果它能像图中所示的那样跑到太阳背后，就可以完全地反射太阳光，形成类似于满月的状态。

小朋友们仔细看看地心说和日心说的那两张图就会知道，这两种理论有一个最大的区别：在地心说中，金星永远处于地球和太阳中间；而在日心说中，金星可以跑到太阳背后。因此，能不能看到金星也有"盈"的状态，是判断哪个理论正确的关键。伽利略正是用望远镜看到了金星有"盈"的状态，才敢断定哥白尼的日心说是对的。

日心说取代地心说的过程告诉我们，现代科学本质上是实验和观测的科学。只有通过实验和观测，才能判断一个科学理论是否正确。

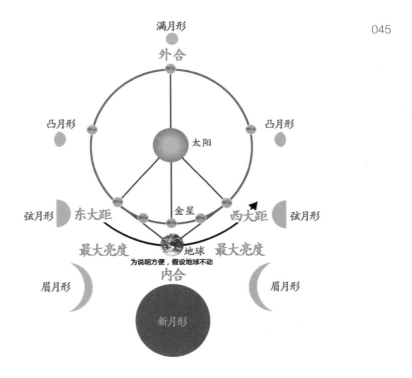

当然，今天的科学家已经知道，日心说也是错的。宇宙的疆域，其实远比古人最疯狂的想象还要辽阔。那他们是怎么知道的呢？答案依然是通过天文观测。可能有些聪明的小朋友要问了："你满口都是天文观测。到底有什么了不起的观测能让我们认识整个宇宙啊？"答案其实很简单，那就是我们最熟悉的距离测量。

距离测量是最基本的物理学实验。在日常生活中，人们一般都是直接拿

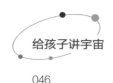

尺子来量。比如说，上一讲提到的诺伍德，就是用尺子一点一点地量出从伦敦到约克的距离，进而推算出了地球的周长。但是在天文学中就没法用尺子量了，因为我们离那些天体的距离实在太远了。那该怎么办呢？聪明的天文学家想出了不少好方法。下面我就给大家讲讲其中最重要的两种方法。

第一种方法叫作三角视差。为了理解它，咱们可以做个小实验。伸出一只手指，放在靠近鼻子的地方，然后分别闭上左眼、右眼，只用一只眼睛来观察它。你会发现手指相对于背景的位置发生了偏移。手指明明没动，为什么它的位置会改变呢？这是因为你前后两次看它的位置发生了改变。这个由于观察者自身位置改变而导致被观察物体位置偏移的现象，就是视

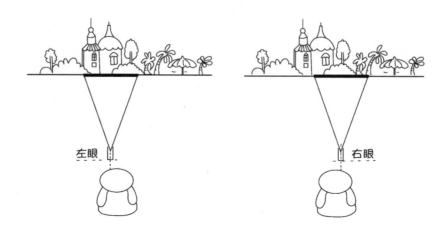

左眼　　　　　　　　　　　右眼

差。现在，把手指放在比较远的地方，重复这个实验，你会发现手指的位置偏移变小了。这说明被观察物体的视差越小，它离我们的距离就越远。

有了视差的概念，我们就可以用几何学的方法来测量遥远天体的距离了。下页这张图就是用三角视差法测量距离的原理图。我们都知道，地球每年会绕太阳一圈。如果地球在春分的时候运动到图中的 A 点，那么半年以后，也就是秋分的时候，它会到达离 A 点最远的 B 点。现在把 A 点和 B 点当成一个人的左眼和右眼，分别从这两个地方来观察一颗离我们不太远的星星，就会发现这颗星星在遥远天幕上的位置发生了变化。从 B 点看来，相对于在 A 点，星星的位置会向左移动。这个向左的偏移量可以转化为一个角度，叫作星星的周年视差角。科学家已经测出，地球到太阳的平均距离约为 1.5 亿公里，大约相当于地球周长的 3750 倍。我们通常把这个日地距离称为 1 个天文单位。用 1 个天文单位除以星星的周年视差角，就可以算出我们到这颗星星的距离。

不过这个三角视差法是有局限性的：它无法测量与我们相距太远的星星。这是因为它们所对应的"周年视差"角度实在太小，根本测不出来。所以对于特别遥远的天体，天文学家一般采用第二种方法测量，它被称为标准烛光。

给孩子讲宇宙

048

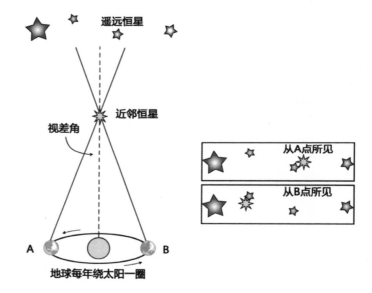

　　我们都有这样的生活经验：一根点燃的蜡烛，要是放在近的地方，看起来就比较亮；要是放在远的地方，看起来就比较暗。这是为什么呢？下页图就解释了其中的原理。爱因斯坦告诉我们，光是由一个个被称为光子的微小颗粒组成的。只要蜡烛的绝对亮度是固定的，则它在单位时间内发出的光子总数也是固定的。这些光子会呈球形均匀地向外扩散，随着扩散距离的增大，这个球的面积也会越来越大。因为整个球面上的光子都是由蜡烛发出的，其总数会一直保持不变，所以单位面积上的光子数目会相应减少。换句话说，在远处，我们眼睛能接收到的单位面积的光子数会减少，这也会使光的可视强度变小，所以我们才会觉得蜡烛变暗了。更重要的是，蜡烛的可视亮度与我们和蜡烛距离的平方成反比。比如说，如果距离扩大到原来的 4 倍，蜡烛的可视亮度就会减小到原来的 1/16。

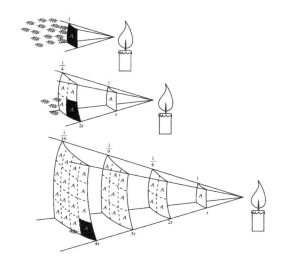

所以蜡烛还有一个意想不到的用途：用来测量距离。只要能确定一根蜡烛在一个距离已知的地方的可视亮度，把它拿到更远的地方后，就可以通过测量新的可视亮度来计算我们到那里的距离。现在让我们开一下脑洞。

我们要在天上找一种特殊的天体，它同时满足以下两个条件：1.特别亮，即使相距非常遥远也能看到；2.光学性质稳定，其绝对亮度固定不变。在这两个条件中，第二点更难满足。但只要能找到这样的天体，我们就可以把它当作蜡烛来测量宇宙间的距离。这种特殊的天体就是我们前面提到过的标准烛光。

给大家看一张在天文学史上赫赫有名的照片。图中唯一的男士叫爱德华·皮克林，他在 1877—1919 年一直担任哈佛大学天文台的台长。在他当台长前，哈佛大学天文台根本不雇用女性，里面全都是男员工。有一次，皮克林被笨手笨脚的男助理惹火了，大骂他做事还不如自己家的女佣麻利。结果皮克林一不做二不休，干脆炒了这个人，并真的雇了自己的女佣来做台长助理。皮克林没看走眼，前女佣表现得出类拔萃。从那以后，皮克林就索性只雇女员工了。他这么做最大的理由是，当时女员工的工资都很低，还不到男员工的一半；所以只雇女员工的话，就可以多雇很多人来打工了。皮克林很快就建立了一个完全由女性组成的研究团队；她们全都没读过博士，但都对学术研究充满了渴望和热情。这张照片就是皮克林的研究团队在 1913 年的合影。这些女士被称为哈佛计算员，有时也被戏称为"皮克林

的后宫"。正是这么一群貌不惊人的女士，让哈佛大学天文台从一个原本不入流的小机构，一跃成为享誉世界的天文学研究中心。

1892 年，一位叫亨丽爱塔·勒维特的女士遭遇了一个巨大的不幸：刚从大学毕业的她，由于一场严重的疾病而彻底失去了听力。在那个年代的美国，受过高等教育的女性主要有三条出路：教师、护士和家庭主妇。但这次人生变故，让这三条出路都化为了泡影。不过一年后，她得到了一个在哈佛大学天文台当计算员的机会。尽管每周只能挣 10 美元，勒维特还是很开心地来到哈佛，加入了"皮克林的后宫"。据同事后来回忆，勒维特

一直很敬业、内向、不苟言笑、与世无争。恐怕当时谁也无法想象，正是这位平凡到不能再平凡的失聪女士，第一个敲响了哥白尼日心说的丧钟。

我们在天空中看到的绝大多数星星，其亮度都是固定不变的。但天上还有很多很奇特的星星，它们的亮度会随时间而发生改变，这就是所谓的变星。在诸多变星中有一类比较特殊的，被称为造父变星，它会像心跳一样有节奏地脉动，从而使其亮度发生周期性的改变。换句话说，造父变星会不断地由亮变暗，再由暗变亮，如此循环往复。科学上把这个变化的周期称为光变周期。一般来说，造父变星至少比太阳亮 1000 倍以上，所以即使相距很远，我们也能看到它。

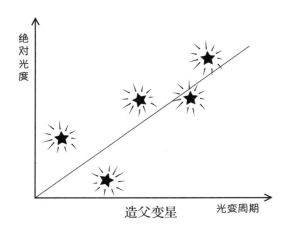

1908 年，通过对麦哲伦星云中上千颗变星的详细研究，勒维特发现，造父变星满足一种非常奇妙的规律：在距离相同的情况下，造父变星的可视亮度和它的光变周期成正比。也就是说，一颗造父变星完成一轮完整循环所花的时间越多，它所能达到的最大亮度就越大。这个规律被称为造父变星的周光关系，也叫勒维特定律。它意味着，只要选择那些光变周期完全相同的造父变星，我们就能得到一大批绝对亮度完全相同的天体。这就是历史上人类发现的第一种标准烛光！这个伟大的发现，让我们能够精确测量那些极其遥远的天体的距离。从那以后，人类就不必在书斋里空想宇宙的样子，而可以用望远镜来直接地观测它。宇宙学也由此成为一门真正意义上的现代科学。

遗憾的是，这个伟大的发现并没有给勒维特本人带来什么好处：她没有得到任何学术界的嘉奖，没有得到一个教授的职位，甚至没有得到一张博士文凭。很多年后，她依然是一个本科学历、周薪 10 美元的计算员。1921 年，当哈罗·沙普利继任哈佛大学天文台台长的时候，勒维特终于得到了重用，被任命为恒星光谱部门的负责人。但在 1921 年年底，勒维特就因身患癌症而与世长辞。她被葬在马萨诸塞州剑桥市她家族的墓地里，墓

碑上没有半句关于她学术成就的记载。甚至到今天，作为开启了观测宇宙学时代的灵魂人物，勒维特依然没有得到她应得的赞誉。她在公众间毫无知名度，即使在天文学的教科书中，也只是被当成一个小小的注脚。但我相信，总有一天，勒维特会得到她在天文学史上应得的地位。这个名字，即使被放在注脚中，依然光彩照人。

现在我们已经知道，宇宙学是一门基于距离测量的观测科学。我们也有了一些关于天文学距离的概念：地球的周长大约是 4 万公里，约为 950 个马拉松的总长；地球与太阳相距约 1.5 亿公里，相当于地球周长的 3750 倍，它通常被称为 1 个天文单位。对我们的日常生活而言，这些距离全都是大得不得了的天文数字。但对整个宇宙来说，它们却渺小到根本不值一提。为了描述宇宙的尺度，科学家创造了一个新概念，叫作光年。光年是光走一年的距离。它大约是 94605 亿公里，相当于 63000 多个天文单位。这是什么概念呢？目前人类造出的速度最快的飞行器就是我们熟悉的旅行者 1 号，它当前的速度已经超过了每秒 17 公里，相当于声速的 50 倍。这意味着，旅行者 1 号要想飞完 1 光年的路程，需要花上 17000 多年。要知道，真正有文字记载的人类文明史，也只有此数字的一个零头。

　　好了，现在我们已经做好所有的准备，可以开始一次宇宙之旅了。我们将坐上一艘想象的宇宙飞船，从地球出发，一直漫游到宇宙的边缘。

　　这次旅行的第一站是我们生活的太阳系。上面这张图大致地描绘了太阳系的面貌。太阳系的主角是位于中心的太阳，它是太阳系中唯一能发光的天体，质量占太阳系总质量的99%以上，并以其强大的引力主宰着整个太阳系，让其他天体都像朝圣一样围绕它旋转。在这些朝圣的天体中，最引人注目的是所谓的八大行星，从内到外依次为水星、金星、地球、火星、木星、土星、天王星和海王星。正如我们在第一讲里提到的，它们都位于同一个平面（科学上称为黄道面），并且朝着同一方向绕太阳旋转。里面

的 4 颗行星质量和体积都比较小，主要由固体构成，叫作类地行星；外面的 4 颗行星质量和体积都比较大，主要由气体构成，叫作类木行星。

　　这么讲有点过于抽象了。我给大家看一张把八大行星等比例缩小的图，让你们直观地感受一下它们的大小。可以看到，最大的行星是木星，其半径是地球的 11 倍。换句话说，如果把木星当成一个容器，里面能放下 1300 多个地球！

　　不过，木星也只是一个小角色。这次我们把太阳也纳入对比。很明显，地球就变成了一个小点了。那太阳到底有多大呢？其半径是地球的 109 倍。也就是说，一个太阳里能放下约 130 万个地球！

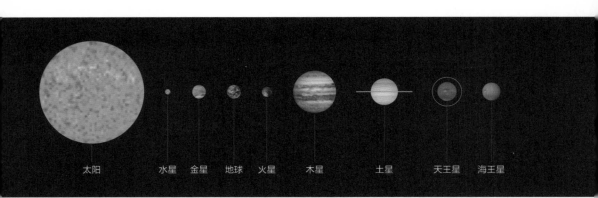

　　可能有些小朋友会问了："太阳系中有那么多的天体，为什么就只有这8颗行星呢？"答案是，要想成为一颗行星，必须越过两个门槛：首先，要有足够的质量，使自身的形状能一直保持为球形；其次，要有足够强的引力，能把邻近轨道的所有小天体都清除掉。这是两个很高的门槛，把太阳系内绝大多数天体都刷掉了。不过这个关于行星的定义非常新，是2006年在捷克首都布拉格召开的国际天文学联合会上确定的。

　　行星定义的变迁连累了两个倒霉蛋。它们都曾被视为行星，后来又被无情地踢出了行星的行列。

　　第一个倒霉蛋是谷神星。它的发现过程是个很有趣的故事。天文学家

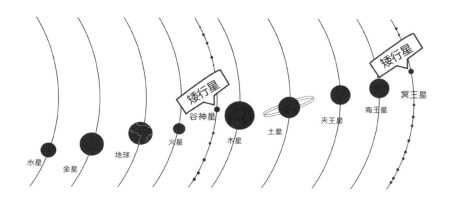

很早就注意到了一件怪事：在太阳系的这些行星中，就数火星与木星相距特别远。有些人就猜测，会不会在火星和木星之间还有一颗行星呢？但是很长时间内都没有人能找到它。1801 年 1 月 1 日，一个叫朱塞普·皮亚齐的意大利神父偶然看到了一个很小的天体，它的运动速度比火星慢，又比木星快，所以应该位于火星和木星之间。但皮亚齐还没高兴多久，倒霉的事情就发生了：在确定这个天体的轨道之前，皮亚齐突然病倒了，等他恢复健康、重新回到望远镜旁工作的时候，这个天体已经跟丢了。

按正常情况，皮亚齐就要与这个发现失之交臂了。但这时，他的贵人登场了，那就是德国数学王子高斯。高斯提出了一种计算行星轨道的新方法，硬是用皮亚齐不太完整的观测数据把这个天体的轨道给算出来了。后人利用高斯算出来的轨道，重新找到了这个天体，并且证明它确实处于火星和木星之间。这个失而复得的天体就是谷神星。

一开始，人们都把谷神星当成一颗真正的行星。然而没过多久，天文学家就在与谷神星邻近的轨道上，又发现了好几个更小的天体。所以天文学家威廉·赫歇尔建议，与其他天体共用一个轨道的谷神星根本就没有当行星的资格，只能算是一颗小行星。而这个介于火星和木星之间、有大量

● 谷神星 ●

小行星活动的环形区域，则被称为小行星带。目前，人们已经在此区域发现了超过 10 万颗小行星。

　　另一个倒霉蛋是名气更大的冥王星。小朋友们的爸爸妈妈应该都记得，在很长一段时间里，小学的教科书都一直说太阳系里有九大行星。这第九颗行星，就是美国天文学家克莱德·汤博于 1930 年在海王星轨道外侧发现的冥王星。2015 年，冥王星又刷了一次存在感：一个叫新视野号的空间探测器飞临冥王星，看到上面有一个很可爱的心形区域。这么萌的冥王星，为什么会被赶出了行星的行列呢？因为它遇到了一个猪队友。

● 冥王星 ●

　　2005 年，美国天文学家迈克·布朗在冥王星外围又发现了一个新的天体，它的体积比冥王星略小，但是质量却比冥王星大了近 30%。布朗很兴奋，把这个新天体命名为阋神星，宣称它是太阳系的第十个行星。但是布朗的发现带来了一个问题。如果把阋神星算成行星的话，另外的两个天体，包括我们前面提到的谷神星和冥王星的卫星卡戎，也将具备升级为行星的资格。

　　所以在 2006 年的国际天文学联合会上，一个专门给天体命名的委员会提出了一个议案，要把太阳系的行星扩容为 12 颗。这个议案一提出，立刻引发了与会天文学家的一片骂声。大家纷纷表示 12 颗行星的议案太荒谬，绝对不能让它来毒害后代。无奈之下，委员会只好提出了一个新议案，建议修改行星的定义，把"能够清除邻近轨道的其他小天体"也列为行星的必要条件。按这个标准，冥王星将被踢出行星的行列。这个新议案最后获得了通过。就这样，阅神星自己没当上行星，还把冥王星也拖下了水。现在，人们给谷神星、冥王星和阅神星设定了一个新的类别，叫作矮行星。

现在学术界普遍接受，在海王星轨道之外还存在一个新的小行星带，叫作柯伊伯带。柯伊伯带是一个距离太阳约30到50个天文单位的环形区域，里面有大量的冰封物体，有点像是太阳系的城乡接合部。我们前面提到的冥王星和阅神星都位于这个区域。不过柯伊伯带依然不是太阳系的边缘，因为在它外面还有一个传说中的奥尔特星云。

小朋友们应该知道，太阳系中还有一种天体，叫作彗星。它是一个巨大的脏雪球，沿着狭长的椭圆形轨道绕太阳旋转。太阳发出的热风能让彗星上的冰挥发，从而形成一根长长的彗尾。因此，过上一定的时间，彗星就会被太阳完全摧毁。那么问题来了：太阳系已经存在了将近50亿年，为什么还有很多彗星没被摧毁？

1950年，荷兰天文学家奥尔特提出，在太阳系的最外围存在着一个巨

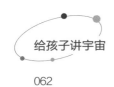

大的球状气体云，被称为奥尔特星云。它受到太阳引力的束缚，依然是太阳系的一部分。奥尔特星云是一个巨大的冰库，里面有约1000亿颗彗星。我们现在之所以还能看到彗星，就是因为有这个大冰库在源源不断地提供补充。可能有小朋友要问了，这个奥尔特星云到底离我们有多远呢？答案是惊人的1光年！

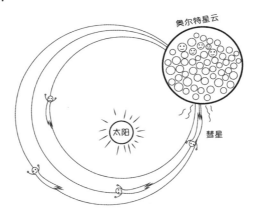

现在我们来盘点一下整个太阳系的家当。从内往外数，太阳系包括太阳、4颗类地行星、小行星带、4颗类木行星、柯伊伯带和奥尔特星云，其半径能达到1光年之遥。不过我们马上就会看到，太阳系只是宇宙的沧海一粟而已。

现在我们到了宇宙之旅的第二站，也就是太阳系的星际近邻世界。在这片半径为 20 光年的区域里，分布着上百颗恒星。而在这些邻近恒星中，最有名的就是半人马座 α 三合星。它正是我国著名科幻作家刘慈欣描绘过的那个三体世界。

半人马座 α 是离太阳系最近（大概有 4.3 光年）的恒星系统。它由三颗恒星组成：半人马座 αA 星、半人马座 αB 星和比邻星。不过，和刘慈欣笔下那个危机四伏的三体世界不同，真实的半人马座 α 世界并没有那么凶险莫测。这是因为半人马座 α 三合星的运动情况其实更像一个两星系统。半人马座 αA 星和 B 星是两颗与太阳非常相似的恒星，彼此仅相距十几个天文单位；而质量仅有太阳 12% 的比邻星，与它们相距约 13000 个天文单位，相当于 0.21 光年。因此，实际情况是 AB 双星先构成一个彼此绕转的两体系统，然后这个两体系统再与比邻星构成一个更大的两体系统。与三体系统不同，两体系统的运动规律是可以被准确预测的。所以要是真有三体人，他们也不会整天活在末日将至的惶恐中。

2016 年 8 月出了一个轰动的大新闻：天文学家在比邻星附近发现了一颗叫比邻星 b 的行星，它有可能适宜生命居住。可能有些小朋友要问了："为什么这颗行星会适宜生命居住呢？"答案是：它满足生命存在的一些最基本的条件。

● 左下为半人马座 α A 星和 B 星，右下为比邻星 ●

　　一般认为，一颗行星上要想诞生生命，需要满足以下几个条件。第一，它必须是一颗固体行星。这是因为气体行星太不稳定，生命根本找不到任何落脚点。第二，它必须处于宜居带。换言之，要刚好位于与恒星距离合适的地方，不能太近也不能太远，否则温度太高或太低都会使液态水无法存在。第三，它要有大气和磁场，不然无法保证昼夜温差的稳定，也无法抵御来自恒星的危险射线的伤害。

比邻星 b 的质量大概是 1.3 倍地球质量，而要想变成气体行星，至少得达到 8~10 倍地球质量，所以它只能是一颗固体行星。比邻星 b 与比邻星之间的距离，相当于地球和太阳间距离的 1/20；但由于比邻星很暗，发出的可见光能量只有太阳的 1/600，所以这个距离恰好处于宜居带的范围。至于比邻星 b 上有没有大气和磁场，目前我们还不得而知。但这已经让很多人，尤其是那些《三体》的粉丝兴奋不已了。

但对生命而言，比邻星 b 依然是一个恐怖无比的地方。这是因为比邻星虽然在正常情况下不会辐射太多的能量，但它会时不时地爆发。在爆发状态下，它会释放出比太阳还要强很多的能量。这些爆发的能量在如此近的距离打到比邻星 b 上，就相当于用数不清的氢弹把比邻星 b 炸了个底朝天。我们不妨来开个脑洞。如果比邻星 b 上真有三体人，那会如何？说实话，那人类就真的要遭遇灭顶之灾了。因为地球人最厉害的核武器已经对三体人毫无效果了。

接着是这次旅行的第三站，也就是后两页图中那个横跨夜空的棒状结构——银河系。如果说星际近邻世界是太阳居住的社区，那么银河系就是

太阳居住的王国。就在 100 年前，人们还普遍相信银河系就是宇宙的全部。但今天，我们的宇宙观已经发生了翻天覆地的变化，这种转变要从一场辩论说起。

1920 年 4 月 26 日，在华盛顿史密森学会的自然史博物馆，举行了一场历史上赫赫有名的辩论，辩论的主题就是"银河系是不是宇宙的全部"。参加辩论的是两位著名的天文学家，哈罗·沙普利和希伯·柯蒂斯。

我们前面已经提到过哈罗·沙普利。他一生中最大的贡献是用造父变星测量了银河系中大量恒星的距离，从而证明了太阳并非位于银河系的中心。所以他一当上哈佛大学天文台台长，就立刻提拔了失聪女科学家勒维特。1925 年，一位瑞典科学院的院士写信给哈佛大学天文台，说他打算提名勒维特为诺贝尔物理学奖候选人。沙普利回信说，勒维特女士已经于 4 年前去世了，不过与勒维特发现造父变星是一种标准烛光相比，他本人用造父变星来测量银河系距离的工作其实更有意义，所以建议对方改成提名沙普利去评选诺贝尔物理学奖。可惜那位瑞典科学院院士根本没搭理他。

在这场举世瞩目的大辩论中，沙普利宣称银河系就是宇宙的全部，而柯蒂斯主张银河系只是宇宙中很小的一部分。争论的焦点集中在一些遥远

● 哈勃 ●

的星云，例如，仙女座大星云（现在称仙女星系）和纸风车星云到底是银河系中的一团气体，还是与银河系一样的庞大星系。沙普利一口咬定是前者，而柯蒂斯则坚持认为是后者。搞笑的是，辩论的双方其实都算错了银河系的大小。沙普利算出银河系的直径有30万光年，此数值明显偏大；而柯蒂斯则算出银河系的直径只有3万光年，此数值又明显偏小。所以你可以想象，尽管两个人都引经据典，摆出了一大堆支持自己的论据，但最后谁也无法说服对方。

这次辩论没能让真理越辩越明，但它还是给未来的研究指明了方向。关键就是要更准确地测量距离。很快，解决问题的人登场了，他就是美国大天文学家哈勃。

哈勃出生在一个富裕的家庭。学生时代的哈勃是一个很出色的运动员，曾经在一次中学的运动会上一口气拿到7个比赛的冠军。再加上他相貌英俊，

所以一直都很受欢迎。尽管有这么多的优点，哈勃却是一个脸皮极厚的吹牛大王。他声称自己曾在一场拳击比赛中，把一个世界冠军打倒在地。稍有常识的人都知道这根本就不值一驳。他还说在他去芝加哥大学读博士以前，已经在法律界混得风生水起。实际上，那段时间他一直在一所中学当任课老师和篮球教练。最后，他甚至宣称自己曾在第一次世界大战的战场上，护送一群惊慌失措的难民到达安全的地方。但事实上，他在停战协议签订

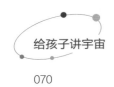

给孩子讲宇宙

070

前一个星期才抵达法国，根本就没上过战场。

1919 年，哈勃在威尔逊山天文台获得了一个职位。在那里，他利用当时世界上最大的望远镜，很快做出了一个轰动世界的发现。1924 年，哈勃在仙女星系中找到了造父变星，并利用它测出仙女星系与我们至少相距上百万光年。这个发现立刻终结了 4 年前那场大辩论。人类终于意识到，就连银河系都不是宇宙的中心。不过，这个发现并非哈勃一生中最大的贡献。1929 年，哈勃又做出了一个震惊世界的发现。他观测了几十个遥远的星系，发现它们全都在离我们远去，而且与我们相距越远的星系，远离我们的速度就越快。这意味着整个宇宙都在膨胀！我们将在下一讲解释这个发现的意义。

下面给大家看看银河系的全貌。银河系像一个旋转着的巨大圆盘，直径超过 10 万光年，厚度不到 2000 光年，其中至少包含 1000 亿颗恒星。银河系的中间鼓起了一个直径为 2 万光年的大圆球，被称为银核。在银核正中心还隐藏着一个危险的庞然大物，那是一个质量约为 400 万倍太阳质量的巨大黑洞。银核外的盘状结构被称为银盘。银盘上还有恒星比较密集的几个区域，被称为旋臂。旋臂里的恒星不是固定不变的。大家可以想象城市里的交通堵

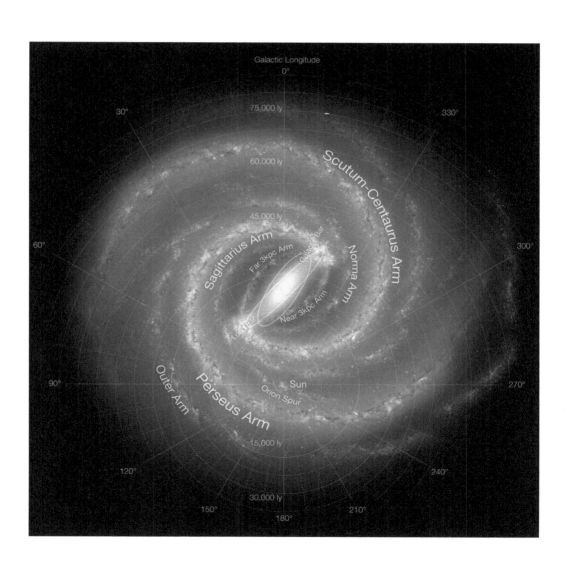

塞。不断有汽车进入，也不断有汽车离开，但这个堵塞区整体上还是保持不变。这个堵塞的区域就是旋臂。我们的太阳系目前就位于其中一条旋臂——猎户座旋臂之中，离银河系中心大概有 28000 光年。在银盘之外还有一个更大的球状区域，叫银晕，里面稀稀落落地分布着一些年老的恒星。

这么讲有点太抽象，我们还是来打个比方吧。如果把太阳系看作一个城市，它的中心城区可以一直划到海王星；这个中心城区的直径有约 60 个天文单位，大致为 90 亿公里。现在我们来比较一下地球、太阳系和银河系的大小。首先，把地球缩小到只有一个篮球那么大。这时按等比例缩小的太阳系有多大呢？大概相当于一个以北京到天津的距离为直径的圆球。接着，把太阳系也缩小到只有一个篮球那么大。这时按等比例缩小的银河系有多大呢？就相当于整个地球。

小朋友们可以看看右页这张图，来直观地感受一下银河系的浩瀚。我们肉眼能看到的所有天体加起来，在图中都是微不足道的。

再下来是这次旅行的第四站，我们终于飞出了银河系，来到了星系际空间。自从哈勃发现仙女座大星云其实也是一个独立的星系后，天文学家们又陆陆续续地在银河系周围发现了大约 50 个其他星系。在这些星系中，

银河系是排名第二的大块头，仅次于与它相距约 254 万光年的仙女星系。更有意思的是，就像不同的国家可以结盟一样，这 50 个星系也在引力的作用下组成了一个大型的联盟，叫本星系群。这个本星系群的直径有 600 多万光年。银河系和仙女星系是本星系群的两大盟主，其他那些小星系都得绕着它俩旋转。

后来，天文学家用更强大的望远镜发现了更多的星系。但有个问题一直悬而未决：宇宙中到底包含多少个星系？很长一段时间里，科学家对此完全没有任何头绪。直到 20 多年前，一个著名的天文观测才给这个疑难问题带来了一丝曙光。

1995 年 12 月 18 日，天文学家把哈勃空间望远镜指向了大熊星座中一块看似空无一物的区域。这块区域（右图中标记的那块）的范围很小，仅占整个天空总面积的 2400 万分之一，相当于 100 米外的一颗网球。为了能拍清楚，科学家对这块区域持续观测了 10 天，然后把拍到的底片曝光了 342 次，并将它们叠加，合成了一张照片。

右页图就是他们合成的那张照片。这就是著名的"哈勃深场"。大家看到了吧？一块原本空无一物的区域，竟然藏着超过 3000 个星系！用这个数字乘以2400万，科学家估算出整个宇宙应该包含超过800亿个星系。后来，在2003年和2012年，天文学家把这个实验重做了两次，得到了两张新的图片："哈勃超级深场"和"哈勃极端深场"。最新的观测显示，宇宙中包含的星系数量应该超过2000亿！

　　我们已经知道，整个宇宙至少包含 2000 亿个星系，而平均每个星系又至少包含 1000 亿颗恒星，所以宇宙中恒星的总数至少有 200 万亿亿。这是什么概念呢？假如让生活在地球上的 70 亿人都来数星星，且每人每秒能数一个，那么要想数完宇宙中所有的恒星，至少要花上 9 万年。也就是说，这 70 亿人要从我们的智人祖先离开非洲的时候开始数星星，一直连续不断地数到今天，才有可能把天上的恒星数完。

　　最后，我们终于来到了这次旅行的终点，也就是整个宇宙的边缘。让我们回过头来，看一看宇宙的全貌吧。右页图就是科学家用计算机模拟出的整个可观测宇宙的全貌。图中横轴上方标记的每一个小格，都代表着 10 亿光年的距离；也就是说，那一小格就比银河系的直径还要大 1 万倍。我们再来开最后一次脑洞。如果把银河系也缩小到只有一个篮球那么大，那么按等比例缩小的可观测宇宙有多大呢？大概也相当于一个以北京到天津的距离为直径的圆球。

　　最后要问大家一个问题：看了这幅宇宙的全貌图以后，你觉得宇宙从整体上看有什么特征？相信这个问题会难倒不少小朋友，因为你们会觉得它完全没有任何的特征。但事实上，没有特征其实就是宇宙最大的特征，它说明

在最大的宇宙学尺度上，宇宙在各
个地点、各个方向上看都是一样的。
这是一个极端重要的观测，它说明
整个宇宙根本就没有任何中心。

　　最早人类认为地球是宇宙的中
心，结果被伽利略证明是错的；然
后人类认为太阳是宇宙的中心，结
果被沙普利证明是错的；后来人类
认为银核是宇宙的中心，结果又被

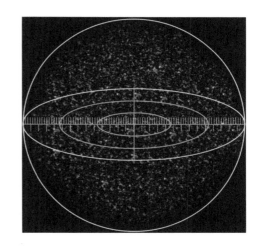

哈勃证明是错的。那宇宙的中心到底在哪里呢？现在我们知道，宇宙根本就
没有任何中心。这就是著名的哥白尼原理，它已经被视为现代宇宙学的基石。

　　通过这次宇宙之旅，小朋友们应该已经了解宇宙是什么样的了。它是
一片跨越了数百亿光年的广阔空间，没有任何中心；里面包含了至少2000
亿个星系和200万亿亿颗恒星，而且这些物质还非常均匀地分布在其中。
可能有些聪明的小朋友会问了："那宇宙是从哪里来的？它又将往何处去？"
这就是我在后面两讲中要回答的问题。

1　《天体运行论》有过两个编辑。第一个是哥白尼的学生雷蒂库斯，但他只干了一半就由于其他事离开了。临走前，雷蒂库斯把这本书的出版工作托付给了一个叫奥西安德尔的朋友。奥西安德尔一看这本书竟然在反对地心说，顿时觉得自己上了条贼船。为了避免被拖下水，奥西安德尔干了一件现在的编辑吃了熊心豹子胆也不敢干的事情：他瞒着哥白尼和雷蒂库斯伪造了一篇前言，宣称"这部书讲的并不是一种科学的事实，而是一种富于戏剧性的幻想"。

2　哥白尼日心说的第一个死忠粉是德国大天文学家开普勒。正是他把日心说介绍给了伽利略。此外，也正是他最先揭露了《天体运行论》的前言是由奥西安德尔伪造的。

3　很多人都听说过这样一个故事：伽利略在比萨斜塔上当众做了一个实验，从而证明了亚里士多德的错误。这个故事是后人乱编的。

4　《天体运行论》刚出版的时候其实并不是禁书，是由于几十年后伽利略等人对它的大力宣传惹怒了罗马教廷，才被禁掉的。

5. 用三角视差法测量太阳系内的距离会比较准确，但用它来测量银河系的距离就很困难了。

6. 那些被称为哈佛计算员的女士都为科学做出了巨大的牺牲。她们几乎全都终生未婚。

7. 勒维特并没有接受过现代意义上的大学教育，她当时上的只是一个不区分专业的女子学院。整个大学期间，勒维特上过好几门如何做家务的课，却只学过一门天文学的课程。

8. 在 19 世纪末到 20 世纪初的美国，性别歧视非常严重。举例来说，所有皮克林后宫的成员都只能日复一日地处理枯燥的天文数据，而没有直接使用望远镜的资格。因此，尽管勒维特第一个发现了造父变星能作为标准烛光，没有资格碰望远镜的她，也不得不眼睁睁地看着别人利用她的发现做出一个又一个重大成果。

⑨ 地球之所以能成为生命的绿洲，一个很重要的原因是它与太阳间的距离非常适中。要是它离太阳再远 5% 或再近 15%，就会变得不再适宜生命存在。

⑩ 目前最适合人类移民的天体是火星。不过目前移民火星最大的困难是火星实在太冷了，其平均气温差不多只有零下 50 摄氏度。

⑪ 作为太阳系中最大的行星，木星上有一个非常有名的奇观，叫作大红斑。那是一个足足有三个地球大、刮了好几百年也没停下来的巨型风暴。

⑫ 土星虽然不是太阳系中最大的行星，却拥有所有行星中最大的光环。

⑬ 天王星的发现者威廉·赫歇尔爵士最早把这颗行星命名为"乔治之星"，以讨好当时的英国国王乔治三世。结果后人觉得这个名字不好，才改成了天王星。

⑭ 海王星最早并不是用望远镜发现的，而是一个叫奥本·勒维耶的法国天文学家在纸上算出来的。

⑮ 不少国内的天文学家认为冥王星应该改名叫"冥神星"，否则与它被降级后的矮行星地位不符。

⑯ 在所有的彗星中，名气最大的就是著名的"哈雷彗星"。不过这颗彗星其实并不是由英国天文学家哈雷最早发现的。

⑰ 英国科学家霍金和俄罗斯亿万富豪米尔纳目前正在联合推动一个名叫"突破摄星"的科学项目，打算发射纳米飞行器去探访比邻星 b。

⑱ 最早发现银河系中心存在一个超大质量黑洞的人之一是加州大学洛杉矶分校的天文学教授安德烈娅·盖兹。由于这个发现，她当选美国科学院院士。

⑲ 把银河系旋臂视为恒星堵车区域的理论叫作密度波，它是由美籍

华裔科学家林家翘和徐遐生提出的。两位都是美国科学院院士，后者还曾当选美国天文学会会长。

20 大多数人都认为宇宙中包含的星系数量应该在 2000 亿到 3000 亿之间，但也有一些人认为实际数量要远多于此。例如，英国诺丁汉大学的天文学教授克里斯托弗·孔塞利切就曾在一篇论文中宣称，星系的实际数量应该超过 20000 亿。

3

宇宙是怎么起源的

　　我们已经知道了宇宙一望无际，至少包含 2000 亿个星系，每个星系又含有 1000 亿颗以上的恒星。在 20 世纪，天文学家通过测量遥远天体的距离，才发现我们的宇宙居然这么大。更加让人开脑洞的发现是，这么大的宇宙居然来自一场大爆炸。

　　也就是说，我们的宇宙并不像我们平时抬头看天时那样，是安安静静的，一点变化都没有，这些都是假象。真相其实是，宇宙在不停地膨胀。发现宇宙膨胀的那个人，就是上一讲中提到的哈勃。哈勃不仅发现了在我们的银河系之外还有像银河系一样的星系，他还发现，这些星系相互之间的距离越来越远。打个比方，宇宙就像一块被拉伸的橡皮，如果我们在橡皮上

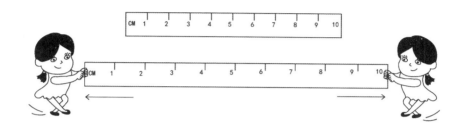

画上星系，这些星系之间的距离会随着橡皮的拉伸而变得越来越大。

哈勃是个勤勤恳恳的天文学家，每天用望远镜看星象，并把看到的现象记录下来。但最早从哈勃的记录中发现宇宙在变化的并不是哈勃本人，而是比利时一个研究神学的天文学家勒梅特。勒梅特不仅第一个发现了宇宙在膨胀，他还由此推测，宇宙在很多年前应该起源于一场大爆炸。他给这个大爆炸起了一个十分有趣的名字：原始原子。

聪明的小朋友会问："为什么根据宇宙在膨胀就能推测出宇宙起源于大爆炸呢？"我们前面用一块被拉伸的橡皮来比喻宇宙膨胀，但这个比喻还不够好。这里有一个更好的比喻：将宇宙想象成一个在烤箱中的巨大的面包，随着加热，这块面包变得越来越大，因此，在过去的某个时刻，这块膨胀的面包一定是一小团面。

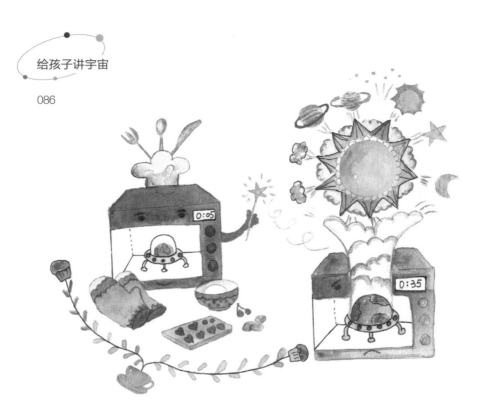

当然，由此还不足以推断出这一小团面刚被放进烤箱时就发生了一场大爆炸。要推出宇宙起源于大爆炸还需要别的东西支持，也就是爱因斯坦的广义相对论。我们在下一讲中会谈谈爱因斯坦的故事。现在，我们暂时不会用到他老人家的高深理论；我们只用一个最简单的现象就能解释为什么宇宙起源于一场大爆炸。

我们在地球上总是能感受到重力，对吧？我们自身有体重，我们伸手拿一杯水也会感受到它的重量。这些重量是从哪里来的呢？其实，早在 300

多年前，牛顿爵士就已经知道它们来自地球和这些物体之间的万有引力。牛顿发现，所有物体之间都有万有引力，我们在地球上不会飞走是因为地球的引力，地球绕着太阳转是因为太阳和地球之间的万有引力。那么，星系和星系之间有没有万有引力？当然有。因此，两个星系虽然会随着宇宙膨胀变得越来越远，但它们飞离彼此的速度会因为引力而变得越来越小。

勒梅特推测，既然速度在将来会变小，那么过去的速度就会比现在大。他用爱因斯坦的广义相对论一算就得出结论：宇宙在开始的时候像一个小原子，就像烤箱中一个小得看不见的面团，嘭的一下被烤炸了。他将这个事情告诉爱因斯坦，爱因斯坦根本不信。

勒梅特这个人放在今天就是一个典型的跨界人物，也就是说他喜欢学习研究很多不同方面的事物。其实，在他那个时代，这样的人有很多，只不过他跨得有点与众不同。他比爱因斯坦小 15 岁，按今天的话来说，是个 90 后，不过是早 100 年的 90 后。17 岁那年，他进了比利时天主教鲁汶大学，学习建筑工程。20 岁时，他中断大学学业，去参加了第一次世界大战，担任炮兵军官，并于战争结束后拿到了棕榈勋章。战后他决定学习数学和物理，同时为成为天主教神父做准备。他跟当时比利时一个很有名的数学家学习

数学，26 岁时靠一篇数学论文获得了博士学位。过了三年，他才成了神父，可见神学对他来说或许比数学更难。成为神父的同一年，他还去了英国剑桥大学学习天文。在小朋友们的眼里，他算不算一个典型的学霸？

1927 年他发现宇宙膨胀时，已经 33 岁了。这个年纪在当时不算特别年轻，因为爱因斯坦做出好几个重大发现的时候才 26 岁，但是，在今天的科学界，33 岁是个很小的年纪，好多人才刚刚在大学里任教。可惜的是，他将宇宙膨胀这个了不起的发现发表在一本很不出名的刊物上了，导致后人误以为哈勃才是第一个发现宇宙膨胀的人，还将一个定律安在哈勃头上。但爱因斯坦知道是勒梅特发现了宇宙膨胀，因为他们在这一年碰面了，不过，爱因斯坦当时根本不相信宇宙是膨胀的，他和其他人一样，相信宇宙就像我们仰望天空时看到的那样，是静止的。他对勒梅特说了一句著名的话："你的计算是正确的，可你的物理是恶毒的。"这句话真的很恶毒。过了5年，他俩在比利时又遇上了，这个时候，勒梅特不仅认为宇宙在膨胀，还发明了宇宙大爆炸理论，这下彻底得罪了爱因斯坦。但勒梅特一点也没有灰心，1935年，他趁着爱因斯坦去美国巡回演讲时，找了个理由陪同爱因斯坦，不停地给爱因斯坦讲他的宇宙大爆炸。到了最后，爱因斯坦终于相信了，并且鼓掌说："这是我听到的最美妙、最让人满意的宇宙创生故事。"

但宇宙大爆炸这个故事并没有被天文学家当真事看待，因为它还缺乏直接证据。一直拖到勒梅特发明"原始原子"这个词之后30多年，宇宙大爆炸才被大家接受。这是为什么呢？下面我们就说说这个故事。

故事的主角彭齐亚斯和威尔逊是两位美国人。彭齐亚斯出生的那一年，比勒梅特想出宇宙大爆炸还晚了几年。这两个幸运的人在1964年遇到了天上掉馅饼的好事，说明"机会总是青睐有准备的人"的说法根本不值得相信。

这句话应该改成"机会其实是死老鼠，有时会碰上瞎猫"。他们遇到了百年难得一见的大发现，并在 14 年后获得了诺贝尔物理学奖。

如果要写小说，我们可以这么写："1964 年，新泽西州 5 月的一个早晨，阳光照在霍姆德尔镇巨大的圆形草坪上，也照在一台以 45 度角仰望蓝天的仪器上，巨大的斗形喇叭口上，一堆堆鸽粪清晰可见。这一天，31 岁的彭齐亚斯同往常一样，吃了早餐就来到辐射计边上的小木屋，检查辐射计在昨天累计的信号。在打印机打出的条状记录纸上，他惊讶地看到满满的都是噪声信号。稍后，比他年轻 3 岁的威尔逊也到了，彭齐亚斯将记录纸递给威尔逊，威尔逊看后也无语了半天。"

右页图就是这两人当时使用的巨大仪器，科学家管它叫狄基辐射计。大家可以看到这台仪器有多大，因为彭齐亚斯和威尔逊就站在下面。

他们确实发现了噪声信号，这是一种叫无线电的电磁波，也就是我们平时看电视接收到的那种波。电磁波就像水波一样，有波峰和波谷，两个相邻波峰之间的距离叫波长。彭齐亚斯和威尔逊看到的电磁波噪声的波长大约是 1 毫米。什么叫噪声呢？我们平时说话的声音不是噪声，大街上乱七八糟的声音是噪声。电磁波虽然不是声音，但同样有乱七八糟的信号，

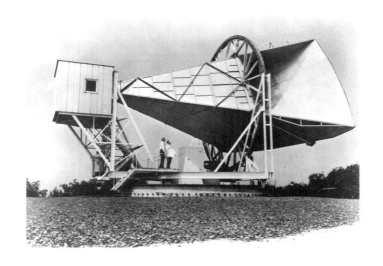

所以也叫噪声。

他们不相信这是真实的信号，就清除了斗形天线上的鸟粪，但奇怪的信号依然存在。他们以为附近有一个发射电磁波的东西。虽然他们是贝尔实验室的工程师，彭齐亚斯还曾在军队做过雷达军官，知道必须排除军方的信号，可是，无论将天线指向天上的哪个角度，在一天的任何时刻，信号都继续存在，而且仍然是噪声形状。他们不得不得出一个匪夷所思的结论：这个信号来自天空的每一个方向。

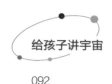
　　这个发现很快传到新泽西州的普林斯顿大学，它离彭齐亚斯和威尔逊住的霍姆德尔镇只有几十公里。非常有意思的是，彭齐亚斯和威尔逊用的狄基辐射计是普林斯顿大学一位教授发明的，他的名字就是狄基。

　　当时 48 岁的狄基很相信勒梅特的宇宙大爆炸，他不仅相信宇宙大爆炸，还相信这场大爆炸遗留下了充满整个宇宙的电磁波噪声，他甚至还做了计算，算出这种噪声的波长大约就是 1 毫米。那时，只有很小的一个圈子知道宇宙大爆炸理论，在这个小圈子里，充满整个宇宙的电磁波噪声被称为宇宙微波背景辐射。

　　彭齐亚斯和威尔逊发现宇宙中有无线电信号的消息传到他耳朵里的时候，他正和自己手下的一些人忙于设计实验，寻找这种噪声呢。听到这个消息时，他对手下说："我们被别人抢先了。"有准备的人没有做出实际发现，而无准备的彭齐亚斯和威尔逊则根本不知道他们发现了什么。霍姆德尔镇和普林斯顿的两拨人跑到一起开了个会，得出结论说彭齐亚斯和威尔逊发现的就是微波背景辐射。他们决定让狄基团队写一篇关于在霍姆德尔镇发现的就是宇宙微波背景辐射的论文，而让彭齐亚斯和威尔逊写一篇介绍实验发现的论文。两篇论文一前一后地发表在1965年的《天体物理杂志》

上，狄基团队的论文放在前面。但是，诺贝尔物理学奖后来却只给了彭齐亚斯和威尔逊。

霍姆德尔镇至今一直以它是发现宇宙微波背景辐射的地点为荣。这不奇怪，因为它毕竟只是一个人口不足两万人的小镇。同样值得骄傲的是，贝尔实验室的巴丁、布拉顿和肖克利也是在这个小镇发明了晶体管。我们在《给孩子讲量子力学》中已经讲过晶体管的故事了。

彭齐亚斯后来成了一个科学与技术团队的老板，甚至还跑去经商。从1998 年开始，他成了世界最大风险投资公司之一 ——恩颐投资的合伙人，那时他 65 岁，刚从贝尔实验室退休。可见，科学家要去赚钱，什么时候开始都不晚。

宇宙微波背景辐射很难用其他的宇宙学理论解释，因此从 20 世纪 60 年代开始，大家渐渐相信我们的宇宙真的来自一场大爆炸。后来，科学家又找到了更多关于大爆炸的证据。现在，大家早已放弃了勒梅特"原始原子"的说法，而用"宇宙大爆炸"。美剧《生活大爆炸》的原名就是"宇宙大爆炸"，可见这个名字多么深入人心。

说起"宇宙大爆炸"这个名字，我们不得不提一下英国天文学家弗雷德·霍

伊尔，因为这个名字是他发明的。1948 年，美国物理学家伽莫夫和他的学生阿尔法一起计算了宇宙大爆炸所导致的微波背景辐射。霍伊尔从来都不相信宇宙大爆炸，看到伽莫夫的论文就火了。一天，他找来两位朋友，去一家小酒馆喝点酒，顺便为宇宙的起源操操心。小朋友们记得，我们前面说过，勒梅特和哈勃发现了宇宙在膨胀，但既要解释宇宙膨胀又要避免宇宙大爆炸可不是一件简单的事。为什么呢？大家想想，在万有引力的作用下，宇宙膨胀会越来越慢，这意味着宇宙在过去膨胀得更快，而那时的宇宙也更小，这让勒梅特得出宇宙在很早的时候一定是个很小很小的火球的结论。霍伊尔和另外两个人——汤米·戈尔德和赫尔曼·邦迪在酒店喝酒，大概喝多了，灵感就来了。他们合计一下，觉得要避免宇宙大爆炸，就得让宇宙不断在空间中无中生有地产生物质，这样宇宙膨胀的速度就不会变化。

霍伊尔觉得他们的想法很好，就跑到英国的一家电台去做宣传。他管这个想法叫稳恒态宇宙，因为宇宙虽然也在膨胀，但从过去、现在和未来看上去一模一样。他还很鄙视勒梅特、伽莫夫和阿尔法的"原始原子"的想法，就发明了"宇宙大爆炸"这个名字来嘲笑它。当然，后来有越来越多的证据证明宇宙大爆炸是对的，而稳恒态宇宙是错的。不过霍伊尔也是一个很了不起的天文学家，他创建了剑桥大学天文研究所。

今天，大家相信宇宙起源于137亿年前的一场大爆炸，在最初的三分钟里合成了最简单的元素——氢和氦。这个故事还能解释为什么恒星里有大约3/4是氢，只有约1/4是氦。当然，除了氢和氦，恒星里也有一点其他元素，霍伊尔就是最早解释这些其他元素来源的人。

关于霍伊尔，我们还可以讲讲他的其他事迹。尽管他创办了剑桥大学天文研究所，但在50多岁的时候，他与剑桥大学的领导不和，就离开了剑桥大学，去当一个独立科学家。这种行为如今非常罕见。今天，我们经常能看到不属于任何单位的文学家，但几乎看不到没有单位的科学家。霍伊尔也是一个文学家，除了写点科普作品，还写科幻小说和电影剧本，一共

写了 10 多部。他最有名的科幻小说叫《黑云压境》，讲述了一个星云来到太阳系的故事。后来人们发现，这个星云具有智慧，人类根本无法伤害它。这种具备高级智慧并试图和人类对话的东西，很容易让人想到一部叫《星际迷航》的电影，以及科幻作家刘慈欣的科幻小说《诗云》。

我们的宇宙非常神奇，不仅有数不胜数的恒星和星系，还有很多神奇的天体。接下来，我和大家谈谈这些奇妙的天体。

小朋友们肯定听说过黑洞。黑洞是一种最为神奇的天体。爱因斯坦的广义相对论是允许黑洞存在的。但爱因斯坦对这种想法深恶痛绝，一直到他去世的那一年，即 1955 年，人们也没办法说服他。原因是这样的，假如一颗恒星或者别的天体变成黑洞，它的万有引力就会变得特别大，从而导致它内部所有的东西都跑到一个地方，就连时间也会在那个地方消失——这很神奇、很难想象吧？小朋友们可能会问："时间消失了是什么意思？"其实科学家也没有弄清楚，只能用很复杂的数学来描述它。如果非要用比喻来解释时间消失，就是任何时钟都不动了；不仅任何时钟都不动了，在时间消失的时候，根本就不存在时钟了。由于这个原因，爱因斯坦根本无法想象有这样的天体存在。

黑洞还有一个特点，就是在黑洞的最外层，引力大到连光都跑不出来，这正是这种神奇的天体被叫作黑洞的原因。这个名字是美国物理学家惠勒在 1968 年提出的。从那以后，人们才开始相信黑洞真的存在，并且推测，如果一颗恒星的质量是太阳的 8 倍，它燃烧到最后一定会变成黑洞。

黑洞虽然不发光，但能吸引它附近的物质；这些物质在掉进黑洞之前，要么飞快地向黑洞跑去，要么拼命绕着黑洞转，这样就会发光了。其实，多数黑洞外面都会有一圈发光的物质，叫作吸积盘，这些物质是被黑洞的引力吸引而堆积在那里的。我们都知道，一个天体外面如果有一个盘，这个盘就会绕着天体转，比如土星外面的那个环，以及我们人类发射的大量卫星。如果不转的话，它就会被天体的万有引力吸得掉下来。下页图就是一个黑洞吸积盘的示意图。

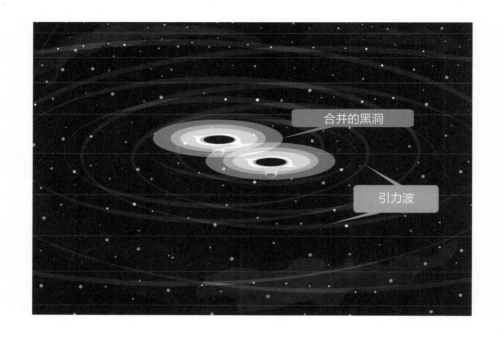

其实，这张图中间是两个黑洞，每个黑洞都带着一个发光的盘。为什么要展示两个黑洞呢？因为在2015年，惠勒的学生索恩发起的一个超大规模实验发现了两个黑洞合并发出的引力波。惠勒是一个传奇人物，他的学生索恩也同样传奇。

现在，天文学家已经发现了很多黑洞，包括可以通过合并发出引力波的黑洞（大约是太阳质量的10倍）、银河系中间的超大黑洞（大约是太阳质量的400万倍），以及某些星系中间的超级黑洞（最大能达到太阳质量的上亿倍）。

右页这张艺术照片模拟了科幻电影《星际穿越》中名叫卡冈都亚的黑

洞，这个黑洞有一亿倍的太阳那么重。它当然是电影导演诺兰和电影编剧之一兼科学顾问索恩想象出来的，艺术照片也是通过电脑特效制作出来的，但十分逼真。

索恩曾经和著名物理学家霍金打赌。索恩说我们迟早会在宇宙中找到黑洞，霍金说肯定找不到。后来，当然是霍金输了。据霍金说，他之所以愿意打这个赌，是因为他稳赚不赔。因为霍金研究了大半辈子黑洞，非常希望别人能找到它。如果他打赌输了，心里还是会很高兴，因为终于找到黑洞了；如果他打赌赢了，尽管会对找不到黑洞感到失望，但毕竟可以用

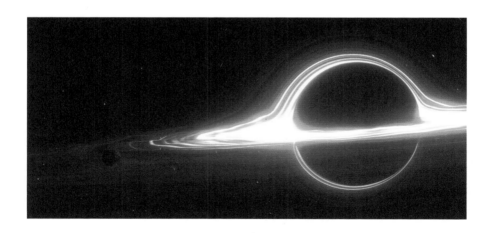

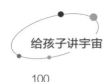

赢得赌局来作为补偿。

　　右图是青年霍金，那时他因病刚刚坐上轮椅。据说，霍金的第一任太太有 1/4 的华人血统。霍金的故事现在家喻户晓，我们就不谈了。我给大家讲讲索恩的故事。

　　索恩是惠勒的学生，曾在美国发起探测引力波的实验。2015 年，当这个实验终于探测到黑洞合并发出的引力波时，索恩早已退休，但他却因电

● 霍金 ●

影《星际穿越》出名了。他是这部电影的编剧之一，也是这部电影的科学顾问，他在美国的知名度大增，主要是因为这部电影。至于引力波的发现，可能会让他获得诺贝尔奖，但不会让他更有名了。

　　索恩之所以能进入电影圈，得益于他的老朋友萨根，也就是我们在第一讲的最后提到的那个人。据索恩自己讲，1980 年，萨根邀请他去参加萨根自己制作的纪录片《宇宙》的首映，同时还建议他和一位名叫琳达的女

人一起去。当然，萨根的意思是介绍单身汉索恩认识一下琳达，也许他们将来会在一起。那一次，索恩距离电影圈还很遥远，不懂规矩，在大家都穿正装的情况下穿了一件浅蓝色燕尾服。不过，他就此认识了琳达，而琳达正好是电影圈里的人。尽管后来他们没有在一起，却一直是很好的朋友。

2005 年，琳达产生了拍一部科幻电影的想法，想把虫洞放进去，这个想法持续了 9 年，终于实现了，这部电影就是《星际穿越》。聪明的小朋友马上会说："我听说过虫洞，可是虫洞到底是什么呢？"

我们先讲一个故事。萨根在更早的时候发表过一篇科幻小说，关于虫洞最早的想法是那时就有的。作为天文学家，萨根一直对外星人感兴趣，不仅研究如何在太空中搜索外星人，还想拍一部电影，讲一个寻找外星人的女科学家的故事，当然这个故事是萨根自己编出来的。1979 年，他和好莱坞合作拍了这部片子。在拍摄期间，萨根想到一个故事情节：女主角从地球上跑出去了，跑到远离银河系的一个地方。但是那时他并不知道人类如何才能迅速跑出银河系，于是就想出了虫洞这个主意。什么是虫洞呢？建议小朋友们拿一张纸，在纸的两头用笔各画一个小圆。比方说，两个小圆在纸上的距离有 20 厘米，一只蚂蚁的爬行速度是每秒 1 厘米，那么这只

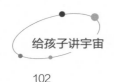
蚂蚁要花 20 秒钟从一个小圆爬到另一个小圆。这只蚂蚁无论如何也不可能在一秒钟内就从一个小圆爬到另一个小圆。

现在，将纸折叠一下，让两个小圆相对。我们再用纸做一个圆柱，用圆柱连接原来纸上的两个小圆，如下图所示。如果这个圆柱足够短，短到不到一厘米，蚂蚁当然就可以在一秒之内从一个小圆爬到另一个小圆了。

现在，让我们想象这张纸被放大了很多倍，变成像银河系一样大，但圆柱的长度还是保持不变。连接小圆的圆柱以及两个小圆本身，就组成了能够连接两个本来相距遥远的地方的虫洞了。当然，这是萨根设想的虫洞的二维版本，因为纸片是二维的。他脑中的虫洞是这种二维虫洞在我们现实世界中的版本。

可是，我们生活的世界并不是一张纸片。纸片是二维的，扁平的，而我们的世界是三维的，有三个独立的方向，比纸片多了一维。三维虫洞很难想象，但也可以借助几何学来想象。萨根把这个想法告诉了在加州理工学院工作的索

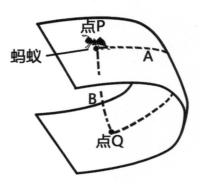

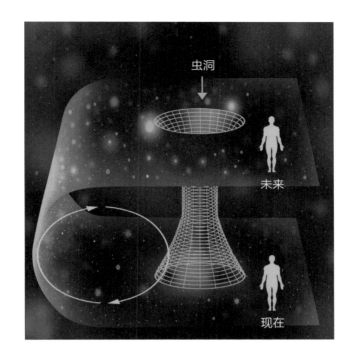

恩，问他爱因斯坦的广义相对论是否可以容纳虫洞。索恩很快做了计算，发现不行，因为构造一个虫洞需要负能量！但我们的世界中所有的能量都是正的，并不存在负能量。于是他就跟萨根讲，这个想法不行，不能用在电影里。但萨根是个天文学家，对世界上各种可能出现的东西态度更加开放，就不理索恩，在剧本里写了一个可以制造虫洞的机器。

可惜，当时很多条件不够，这部电影没有拍成。萨根不甘心，就把电影剧本改编成了小说。1981 年，一家名叫西蒙 & 舒斯特的出版社答应出版萨根的小说，还预先付给他 200 万美元，这一数字打破了当时的预付金纪录。萨根没有让出版社失望，1985 年，小说出版了，名叫《超时空接触》，首

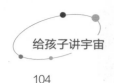

印就印了 26 万多册，并且很快卖完了。出版商赶紧加印，在出版后的前两年，《超时空接触》就卖出了 170 万册。

　　萨根去世的一年后，也就是 1997 年，好莱坞终于拍出了精彩的电影，名字也叫《超时空接触》。在电影中，我们可以看到那台制造虫洞的机器，也可以看到女天文学家如何穿越虫洞，但电影并没有展示虫洞的外观。到了 2014 年，萨根的老朋友索恩的电影《星际穿越》也上映了，里面真的出现了虫洞在我们人类眼里的外观，看起来像浮在黑暗太空中的一个很大的肥皂泡。

　　小朋友们可能会问了："哪里有虫洞？"事实上，虫洞的整体是无法从外面被看到的。回到我们前面说的那张蚂蚁爬行的纸，看看蚂蚁能看到什么。那个二维虫洞是用一个圆柱纸片连接两个圆，在蚂蚁爬上圆柱之前，它看到的是一个圆的一边。而这个浮在黑暗太空中的肥皂泡就是虫洞入口球面的一面，只有当我们跨进这个球面，才会进入虫洞，并通过虫洞跑到遥远的宇宙的另一个地方。大家可能还会说，这个看起来像肥皂泡的东西里面好像还有很多天体。没错，这些天体其实在宇宙的另一端，天体发出的光穿过了虫洞，才会被我们看到。电影里的假想虫洞应该很逼真，因为索恩在听到萨根的建议后确实研究了很多年虫洞，还发表了不少关于虫洞的学术论文。

不过科幻电影毕竟是电影，天文学家至今还没有在宇宙中找到虫洞。天文学家的确找到了很多黑洞，因为构造黑洞只需要正能量，而且正是过于强大的正能量才将巨大的恒星压垮，形成了黑洞。而虫洞需要负能量，未来人类会找到或者制造出负能量吗？很多物理学家对此不抱任何幻想。但是，如果没有虫洞，人类真的很难走出银河系。

尽管我们很难走出银河系，但是天文学家可以通过望远镜等各种手段来研究各类神奇的天体，包括远在银河系之外的天体。下面我再给大家介绍几种非常神奇的天体。

有一种神奇的天体来自恒星爆发，它叫超新星。所谓的超新星，顾名思义就是那些超级亮、新出现的星星。前面我们谈到的一类来自恒星的黑洞，其实就是这种爆发留下来的。人类历史记录的第一颗超新星是中国人发现的。当然，那时人类还不知道宇宙中存在超新星现象，所以中国人就将天上突然出现的很亮的星称为客星，因为它们就像新来的客人。《后汉书》中就记录了一颗客星，出现在公元185年，正是东汉末年。到了宋代，公

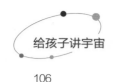
元1054年，又出现了一颗客星，宋代天文学家杨惟德细致地记录了他的观测。这颗客星同时也被阿拉伯天文学家记录了下来。

后来我们为什么认定 1054 年的那颗客星是超新星，也就是一颗恒星爆炸的结果呢？这就要说到美丽的蟹状星云，右页的图就是它的照片。蟹状星云很早就被人们看到了，但直到 20 世纪初，天文学家在对比不同时期的蟹状星云的照片时，才发现它在不断变大，也就是说，这块星云正以一定的速度向外膨胀。由此可以推断，900 多年前蟹状星云应该是一颗恒星的大小；正好，1054 年古人在同样的位置记录了客星。

在我们的银河系内，平均每 50 年就会出现一颗超新星。超新星有不同种类，像我们说的蟹状星云来自一颗不大不小的恒星爆炸。它的质量比太阳大，爆炸之后会留下一颗密度非常大（不过比黑洞要小很多）的中子星。所以别看中子星的体积很小，有的还不如地球大，但它的质量却比太阳还要大。中子星会转动，会发射无线电波。现在，世界上刚刚

出现一个最大的接收宇宙中无线电波的望远镜，就是中国贵州平塘县的射电望远镜，它的口径有 500 米。人们希望用它来发现银河系外的中子星。

刚才我们说过，超新星在银河系内平均每 50 年才爆发一次，但是，如果我们把望远镜指向银河系外，能看到的超新星就多得多了。一般来说，

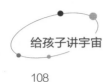
业余的天文爱好者以及专业的天文学家一年能发现好几百颗。

我们还没有提到过著名天文学家第谷，这个人在科学史上的地位很高，主要是因为他详细地观测了太阳系中几个行星的轨道，让后来的开普勒总结出了关于行星运动的三大规律，更让牛顿发现了万有引力。其实，第谷还在 1572 年看到了一颗超新星。1572 年 11 月 11 日，他在仙后座方向看到了一颗很亮的新的恒星，就对这颗星进行了长时间的观测，直到它 1574 年

3月变暗，直到看不见为止。第谷长达16个月的观察和记载在学术界产生了很大的影响，因为那时的西方人普遍认为，在行星之上，天空中所有物体都是永恒不变的。通过对这颗超新星的观测，第谷证明了这种说法是错误的。

● 第谷 ●

　　第谷的人生经历非常传奇。他有一个亲戚是非常富有的大贵族，却没有自己的孩子。所以在第谷出生前，他的父母就与这个贵族亲戚达成了一个协议，说要把第谷过继给这个亲戚。但第谷出生以后，他的父母又后悔了，不想再把第谷交出去了。但大贵族哪有那么好忽悠？那个贵族亲戚直接派人绑架了第谷，从此以后，第谷就过上了贵族的生活。

　　20岁的时候，第谷与另一位贵族子弟在别人的婚礼上发生口角，进而引发了一场决斗。第谷在决斗中被人打断了鼻梁，之后就不得不一直戴一个假的金属鼻梁。盛传第谷的假鼻梁很值钱，是用金子或银子做的。但

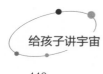
1901 年，有人挖出第谷的墓，发现假鼻梁是铜的。这也很合理，因为铜比金银要轻。第谷死于撒不出尿，而这个毛病据说是因为他在参加一个宴会时，不好意思中途离开，就憋尿憋出了膀胱病。他活到 55 岁，死后开普勒继任了他的职位，同时也获得了第谷生前不愿意给他的有关行星的资料。可以想象，如果第谷活得更长些，开普勒也许就发现不了行星运动的第三定律。什么是开普勒第三定律呢？它说的是行星绕太阳一周的时间与这颗行星和太阳之间的距离有一个固定的关系。这个第三定律是开普勒行星运动三定律中最重要的，因为它直接促成了万有引力的发现。

　　与第谷相比，开普勒的人生就凄惨多了。开普勒出身贫寒，一直都没什么钱。第谷死后，开普勒接替他成为神圣罗马帝国的皇家数学家。这听起来还挺高大上的，但事实远没有想象中那么美好。由于不像第谷那样在上流社会拥有广泛的人脉，开普勒只能拿到第谷一半的薪水，而且还常常被欠薪。开普勒结过两次婚，一共有过 12 个小孩，但大多数都因为贫穷而早早夭折。在 1630 年，开普勒被拖欠了好几个月的薪水，家里实在穷得揭不开锅了。无奈之下，他只好做了一次长途旅行，跑到当时正在举行帝国会议的雷根斯堡，去找皇帝讨要拖欠的薪水。结果不幸的是，开普勒刚到那里就得了一场大病，薪水没有讨到，反而把自己的性命赔了进去。开普勒的苦难并没有到此结束。他死后被葬在了一所教堂，但后来发生的一场延续30年的战争，把那所教堂、包括开普勒的坟墓都夷为了平地。不过开普勒也有一座永远无法被摧毁的纪念碑，它就矗立在人们的心里。由于对天文学的伟大贡献，开普勒被后世尊称为"天上的立法者"。

● 开普勒 ●

前面我们谈了黑洞和超新星，它们都能发出巨大的能量。不过除此之外，还有一种爆发出巨大能量的天体现象，那就是伽马暴。

什么是伽马暴呢？我们在《给孩子讲量子力学》中提到过伽马射线，它是一种能量很高的光子。所谓的伽马暴，就是一种能释放出大量伽马射线的天体爆发现象。它的爆发时间可以很短，短到只有百分之一秒，也可以很长，长到超过几小时。伽马暴发射出来的能量有多大呢？这么说吧。

如果我们的银河系内有伽马暴出现，而且它发射的能量正好对准地球，那地球上的所有生命都会被毁灭。小朋友们应该还记得，银河系的直径有10万光年。隔着这么远的距离，依然能毁灭地球，大家可以想象伽马暴到底有多可怕。甚至有人猜测，地球历史上的某些生物大灭绝事件就是由银河系内的伽马暴所导致的。关于生物大灭绝，我们会在第四讲中详细说明。

有趣的是，伽马暴其实并不是由天文学家发现的。20世纪60年代，美国和苏联之间的竞赛很激烈，不仅体现在航天方面，也体现在核武器竞赛方面。为了探测苏联人有没有偷偷地试爆核弹，美国在60年代发射了12颗维拉卫星，这些卫星可以探测到核弹爆炸之后发射的伽马射线。结果，维拉卫星探测到了大量来自宇宙深处的伽马射线。观测表明，这些射线都来自固定的方向，所以只可能是某个天体发射出来的。伽马暴就这么阴差阳错地被这些军事卫星发现了。

伽马暴的爆发其实也是巨大的恒星燃烧到最后的结果，有的可能是黑洞和中子星合并的结果。幸好，目前所有探测到的伽马暴都来自银河系之外，离我们非常遥远。此外，伽马暴发出的能量都集中在一个比较窄的圆锥里，就像是手电筒发出的光。所以，伽马暴扫到地球的可能性是微乎其微的。

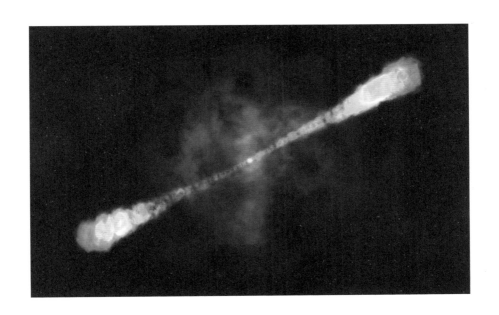

　　当然，银河系内伽马暴的爆发导致了地球上的生物大灭绝只是一种猜测，但也有这种可能。所有的伽马暴都只能出现在星系早期的历史中；由于我们的银河系已存在了好几十亿年，它就不会再出现伽马暴了。为什么有这种猜测呢？因为目前看到的所有伽马暴都离我们很遥远，这意味着当我们发现它们的时候，距离它们的爆发时间已经过去了好几亿年。

　　总结一下，在这一讲中我们讲到了宇宙诞生于137亿年前的一场大爆炸。我们的宇宙不是静止不变的，它的年龄也是有限的。在整个宇宙中，存在着大量有趣的天体及天体现象，例如黑洞、超新星和伽马暴，也许还有一些我们尚未发现的。人类在过去50年中对宇宙的认识发生了很大的变化，在未来的50年中还会发生更大的变化。

1. 在不同的古代文化中有类似宇宙大爆炸的神话传说。比如，在中国的神话中，创世之初有一个中央大帝叫混沌，还有南北两个大帝分别叫倏和忽。混沌经常款待倏和忽，于是倏和忽为了报答混沌，决定为其凿开七窍，但混沌却死在了这场"手术"中。混沌死之前，还生了一个儿子，名叫盘古，盘古开天辟地，才有了我们这个宇宙。

2. 当然，不论是中国古代神话，还是希腊古代神话和埃及古代神话，都是为了解释天地宇宙的起源而想象出来的，与现代宇宙学不同。这从一点就可以看出：在很多神话中，天与地占有同样重要的位置。今天我们知道，大地只是地球，地球是宇宙中很小的一部分。

3. 根据大爆炸理论，宇宙在开始的时候由一团很热的粒子组成，温度比太阳中心的温度还要高很多。时间越向前推，温度越高，甚至不会有上界。当然，事实不是这样，因为当温度高到一定程度，我们使用的物理学定律就失效了。由于这个极高的温度的确定和普朗克有关，因此它叫普朗克温度，大约是 1.4 亿亿亿亿摄氏度。

④ 正文中提到的阿尔法是著名物理学家伽莫夫的学生。伽莫夫研究原子核，他最先想到，如果勒梅特的宇宙大爆炸理论是对的，那么在大爆炸的最初时期，原子核是不存在的，只存在组成原子核的核子。当温度稍稍降低后，核子才会形成比较轻的原子核，例如氦和锂。

⑤ 伽莫夫和学生阿尔法一起写了一篇论文，谈元素在宇宙中是怎么合成的。伽莫夫这个人擅长恶搞，将当时并没有和他们一起研究宇宙的贝塔也加进了论文作者名单中，于是，这篇论文的作者就是：阿尔法、贝塔、伽马（伽莫夫）。

⑥ 我们一般用宇宙大爆炸来指宇宙开始含有炙热的粒子的阶段。后来，有人问粒子是从哪里来的。为了回答这个问题以及其他问题，美国人古斯提出了暴涨宇宙。也就是说，宇宙大爆炸只适用于暴涨宇宙之后的宇宙发展。在宇宙暴涨那一刻，宇宙的大小差不多有篮球大小，可能小一些，也可能大一些。

⑦ 暴涨宇宙是怎么回事呢？是这样的，宇宙在空空的、没有粒子的时候，经过了一段十分短暂的迅速膨胀期，从一个微观的宇宙膨胀到一个篮球的大小，而且是一种巨大但不是粒子的能量使宇宙迅速膨胀。物理学家对这种能量有好多种猜测，但并不确定。在迅速膨胀结束后，驱动宇宙暴涨的能量变成了粒子。

⑧ 暴涨宇宙可以用来解释我们宇宙中各种壮美结构的起源，这些结构包括恒星、星系以及更大的结构。但现在还没有支持暴涨宇宙最可靠的证据。物理学家还在紧张地为证明暴涨宇宙做实验。

⑨ 科学家掌握了原子核合成之后的宇宙发展过程，包括宇宙微波背景辐射的来历，很多元素的合成，恒星的形成，星系的形成……其中有很多曲折的历程。在淼叔做研究生的时候，宇宙发展的这些细节还没有出现呢。

⑩ 当然，如果我们将时间推到原子核合成之前，就会有很多不解之谜。例如，为什么宇宙中有粒子，却没有多少反粒子？苏联物理学家萨哈罗夫对此有一些推测，但需要更多的细节和证据。

⑪ 另外，早在 20 世纪 30 年代，瑞士天文学家兹威基就觉得星系中存在暗物质。现在，暗物质的存在被主流天文学家接受。大家一致认为暗物质不会是黑洞和温度很低的天体。

⑫ 如果暗物质不是黑洞和温度很低的天体，那它到底是什么？多数人认为是一些新粒子，和我们的物质世界中的粒子不怎么发生作用。中国科学家在锦屏山的隧道中进行了探测暗物质的实验，其结果和目前为止国际上其他类似的实验一样，并没有探测到暗物质粒子。

⑬ 过去一段时间，中国学术界在争论到底是否要建造大型粒子对撞机。建造大型粒子对撞机的目的之一是探测暗物质粒子，但这种尝试有点危险，因为暗物质粒子与粒子之间的作用很可能比我们想象的还要弱很多，这样就不会在粒子对撞机上出现。

⑭ 当然，我们需要保持开放的心态，只要有条件，就要探索未知。目前，宇宙中最大的未知就是暗物质，以及下一讲中将要解释的暗能量。

⑮ 淼叔提出过一个与众不同的暗能量理论，叫全息暗能量。在这个理论中，暗能量密度是随着时间变化的。淼叔并不指望在有生之年得到实验的支持，但是能够在有生之年将自己的观点写进一部科普著作已经是一件荣幸的事情。

⑯ 关于黑洞，我们不得不提霍金。霍金的最大物理学贡献是指出黑洞有温度，但非常低。所以，霍金在有生之年也没能看到自己的理论被实验证实。

⑰ 如果黑洞很小，比如只有百分之一克那么重，我们就可能在天空中看到黑洞突然爆发，这是霍金的贡献。但是，我们还无法想象这么小的黑洞是怎么来的。

⑱ 尽管如此，霍金的想法揭示了物理学中的一个大难题，就是黑洞的信息丢失问题。黑洞含有信息吗？如果有，到底是怎么回事？

⑲ 也许，黑洞的信息问题和另外一个终极问题有关：虽然我们了解了宇宙大爆炸以及暴涨宇宙，但是，暴涨宇宙又是怎么来的？

4

宇宙会不会有末日

第4讲

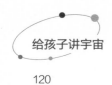

　　现在我要问小朋友们一个问题：你们知不知道什么是宇宙中最大的奇迹？答案恐怕出乎你们所有人的意料。宇宙中最大的奇迹，其实就是我们人类本身的存在。

　　估计有很多小朋友会不理解了："奇迹应该是很罕见、很稀奇的存在。现在地球上可有 70 多亿人呢，一点都不稀奇啊。"但事实上，人类能够一直存在，的确是一件可能性小得匪夷所思的事情。背后的理由有很多，我来给你们讲讲其中最重要的几个。

　　第一个理由是，在宇宙创生时期发生了一次幸运到极点的量子涨落，从而让太阳系和银河系恰好可以形成。这是由 2006 年诺贝尔物理学奖得主

约翰·马瑟和乔治·斯穆特发现的。给大家看看他们的照片，第一张是马瑟，
第二张是斯穆特。这两个人中，斯穆特的经历更有趣。所以下面我就来讲
讲他的故事。

● 马瑟 ●

● 斯穆特 ●

斯穆特这个人特别爱钱。美国福克斯电视台曾办过一个智力问答节目，
名叫《你比五年级小学生聪明吗？》。这个节目要求参赛者回答十道小学
生课本里的问题，从一年级到五年级，每个年级各有两道。除此以外，还

有一道终极问题。如果能答对所有的问题，参赛者就可以获得 100 万美元的奖金；否则，他们就必须当众宣布："我没有五年级小学生聪明。"斯穆特一听说这个比赛能挣那么多钱，立刻放下身段跑去参赛。当然，他后来一路过关斩将，赢得了 100 万美元，证明了诺贝尔奖得主确实比一般的小学生聪明。

在获得诺贝尔奖之后，斯穆特被任命为美国劳伦斯伯克利国家实验室的主任。但他嫌自己的薪水太少，又跑到外面做了不少兼职。比如说，法国的巴黎第七大学、韩国的梨花女子大学和中国的香港科技大学就先后聘请他担任教授。这样一来，斯穆特每年做一份科研工作，却可以拿到四份薪水。

由于每年都要到香港科技大学工作一两个月，斯穆特对中国的文化也有了一定的了解。去年，他在国内的朋友圈里刷了一回屏。斯穆特 2016 年初在一个最高端的诺贝尔奖得主大会上做报告时，用了我国热门电视剧《甄嬛传》里皇后的痛苦表情——"臣妾做不到啊！"很多网友纷纷表示，我们终于等到了中国名言走向世界的那一天！

说完了斯穆特的趣事，下面我们该谈谈为什么他能获得诺贝尔物理学奖了。上一讲我们已经讲过，宇宙大爆炸留下的最重要的遗迹就是宇宙微波背景辐射。为了更深入地研究宇宙微波背景辐射的细节，马瑟和斯穆特制造了一颗名叫宇宙背景探测者（简称 COBE）的卫星，并于 1989 年 11 月用一枚火箭把它送上了天。到了 1992 年，研究团队完成了对 COBE 卫星数据的分析。下页的图就是他们得到的结果。

小朋友们可以把这张图看成一幅宇宙地图。听起来有点奇怪，是吧？

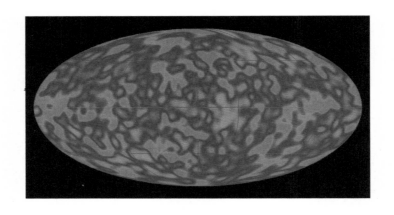

我来解释一下。大家应该都看过世界地图。世界地图看起来是个椭圆，但你要是把它卷起来，它就会变成地球的样子。这张图里同样是一个椭圆，你要是把这个椭圆也卷起来，它就会变成我们朝四面八方张望时所看到的整个天球。区别在于，世界地图显示的是地球上不同方位的陆地和海洋分布，而宇宙地图显示的是天球在不同方向上的温度和物质分布。大家可以看到，这张宇宙地图上有不少红色和蓝色的区域。红色的地方温度比较高，里面包含的物质也比较多，或者说物质密度比较大；蓝色的地方温度比较低，里面包含的物质也比较少，或者说物质密度比较小。这个现象到底是怎么形成的呢？

其实在宇宙创生的那一刻，物质原本非常均匀地分布在宇宙中；换言之，任何地方的物质密度都一样大。后来，宇宙中发生了一个物理过程，叫作量子涨落。量子涨落的原理很复杂，但它的影响很简单，就是让物质的分布出现了一定的不均匀性，使有些地方（红色区域）的物质变得比较多，有些地方（蓝色区域）的物质变得比较少。需要强调的是，量子涨落可以使不均匀性变得非常大，也可以使它变得非常小。换句话说，量子涨落对物质分布不均匀性的影响完全是随机的。

COBE 卫星所绘制的宇宙地图反映的正是这种物质分布在整个宇宙尺度上的不均匀性。这种不均匀的程度有多大呢？大概是十万分之一。也就是说，红色区域的物质密度比蓝色区域大了十万分之一。对人类而言，这个数字至关重要，一点都不能多，一点也不能少。如果多一点（例如万分之一），物质分布会过于密集，使宇宙中的大多数天体都变成黑洞；如果少一点（例如百万分之一），物质分布会过于稀疏，使宇宙中的大多数天体都无法形成。这意味着，理论上完全随机的量子涨落所导致的物质分布不均匀性必须恰好是十万分之一，否则银河系或太阳系就无法形成。换句话说，我们人类今天之所以能够存在，本质上源于宇宙创生时期发生的那

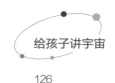
次幸运到极点的量子涨落。

人类的好运气并非仅限于此。第二个理由是，一个发生在 45 亿年前的巧合事件让月球得以形成，进而把地球变成了一个生命的绿洲。

我们在第二讲中说过，一颗行星上要想产生生命，需要同时满足以下三个条件：第一，它必须是一颗固体行星；第二，它必须处于宜居带；第三，它要有大气和磁场。这三个条件很苛刻，但地球全都完美地满足了：它的质量很合适，不大不小，所以能一直保持固体行星的状态；它所处的位置很合适，要是离太阳再远 5% 或再近 15%，就会从宜居带里掉出去；它还有一个岩浆翻滚、异常活跃的内部，这让它可以形成大气层来保持温度，同时也能建立磁场来抵御危险的太阳辐射。尽管拥有这么多的有利条件，在形成之初，地球对生命而言依然是一个如地狱般恐怖的地方。

听起来很难想象吧？我给你们解释一下。大家都知道，地球在绕太阳旋转的同时，本身也在自转，并且 24 小时就可以自转一圈。这就是为什么

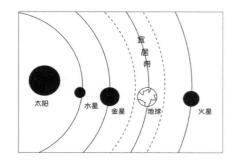

地球上的一天有 24 小时，而且在一天之内能看到白天和黑夜的交替。更重要的是，现在地球的自转比较稳定，不会东倒西歪；说得更科学一点，地球自转轴的倾斜角不会发生明显的变化。但在地球形成之初，一切都是不一样的。那时的地球就像一个快要停转的陀螺，一直在摇摇摆摆。此外，那时的地球只用 10 小时就能自转一圈；也就是说，当时地球上的一天只有 10 小时。自转不稳定和自转速度过快造成了一个很严重的后果：那时地球内部的运动远比现在活跃，导致地震、海啸及火山爆发都远比现在剧烈和频繁。很多小朋友应该都看过一部好莱坞大片，叫《2012》，它说的就是由于地球内部运动发生变化，而使世界面临毁灭的故事。不过在《2012》中，地球内部的变化其实并不算太大。大家可以想象一下，如果地球内部变回它形成之初的样子，导致各种自然灾难都比《2012》中描述的还要可怕几万倍，那还有什么生命能在地球上生存？

估计有不少小朋友要问了："以前的地球那么恐怖，为什么现在它又变好了呢？"答案是，45 亿年前发生了一个特别偶然的事件，让地球拥有了一颗巨大的卫星——月球。一般来说，像月球这么大的卫星，是木星、土星这样的巨型气体行星才有资格拥有的奢侈品。地球拥有这么大的卫星，

就像是普通工薪族拥有一艘豪华游艇一样，是非常奇怪的事。月球的引力起到了船锚的作用，使地球的自转最终稳定下来。月球是怎么形成的？科学家提出了很多理论。目前最受学术界认可的是撞击说，它是由哈佛大学教授雷金纳德·戴利在20世纪40年代提出的。

戴利是一个很擅长跨界的人。他本人并不是天文学家，而是一位地质学家。或许正是因为如此，他对其他跨界的人也特别包容，很早就公开支持一位叫阿尔弗雷德·魏格纳的气象学家所提出的地质学理论。这个地质学理论就是我们今天熟知的"大陆漂移学说"。

该理论认为，地球上所有的大陆原本都连在一起，后来分裂成了好几块，然后漂移到现在的位置。不过在那个年代，"大陆漂移学说"还被视为异端邪说，受到了整个地质学界的嘲笑。作为这个理论的支持者，戴利也跟着躺枪，被骂了个狗血淋头。

尽管被骂得很惨，戴利还是静下心来，开始思考一个连魏格纳也没有想过的问题：为什么地球上的各个大陆会发生漂移？戴利认为，一定是在地球形成初期发生了一个异乎寻常的事件，才能打碎整块大陆，让其碎片都运动起来。据此，他提出了一个堪称惊世骇俗的理论。

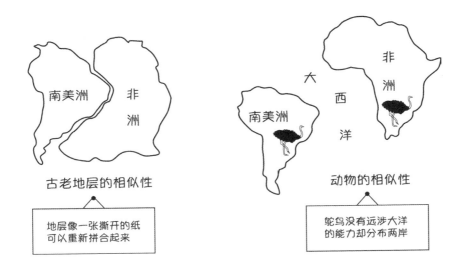

古老地层的相似性

地层像一张撕开的纸
可以重新拼合起来

动物的相似性

鸵鸟没有远涉大洋
的能力却分布两岸

　　戴利提出，在很久以前，一个像火星一样大的天体撞上了地球。这次碰撞把地球表面（也就是地壳）的大量物质都炸到了太空中，这些物质再重新聚合在一起，就形成了月球。按照这个理论，构成月球的物质应该和构成地球地壳的物质非常接近。后来，美国宇航员通过阿波罗登月计划，从月球上带回了大量的岩石样本，证实了戴利的猜想。

　　在月球形成的过程中，有一个因素至关重要，那就是撞上地球的这个天体的大小。大家都知道，那些飞过来的天体可大可小，根本不可能准确预测。但科学研究表明，这次撞过来的天体必须恰好像火星那么大，不能

更大也不能更小。如果再大一些，地球就会被这次撞击彻底摧毁；如果再小一些，就无法撞出现在这个足以改变地球自转的月球。换句话说，我们必须极端幸运，让 45 亿年前恰好有一个火星大小的天体能撞上地球，这样才能把月球从地球中撞出来，进而把地球改造成一个适合生命出现的绿洲。

前两个理由就已经够震撼了吧？但人类的存在还需要更多的好运气。第三个理由是，地球历史上发生过很多次大规模的生物灭绝事件，帮我们干掉了那些主要的竞争对手。

不少小朋友应该都听说过，由于人类破坏环境和大肆猎杀，很多生物

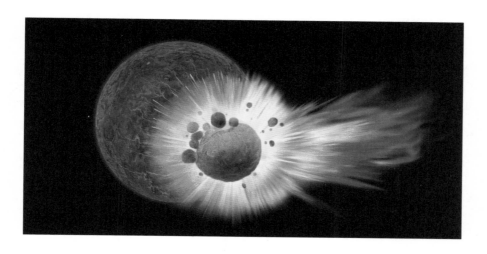

都从地球上灭绝了。超级畅销书《人类简史：从动物到上帝》的作者尤瓦尔·赫拉利甚至把这一过程描绘成"毁天灭地的人类洪水"。但事实上，赫拉利实在太高估人类的能量了。与地球历史上发生的那些真正的灾难相比，人类造成的种种破坏根本不值一提。科学家已经发现，地球历史上至少经历过5次大规模的生物灭绝事件，分别是约4.4亿年前的奥陶纪大灭绝、约3.59亿年前的泥盆纪大灭绝、约2.52亿年前的二叠纪大灭绝、约2.01亿年前的三叠纪大灭绝和6500万年前的白垩纪大灭绝。

这些生物灭绝事件到底有多恐怖呢？说出来真的是吓死人。就连程度最轻的三叠纪和白垩纪大灭绝，都有超过70%的物种从地球上消失。更严重一些的奥陶纪和泥盆纪大灭绝，则有超过80%的物种从地球上消失。而最严重的二叠纪大灭绝，甚至有超过95%的物种从地球上消失。大家不要以为，灭绝了95%的物种就意味着死了95%的生物。事实上，即使在活下来的那5%的物种中，几乎100%的个体也都死了；只是靠着一些极少数的幸存者，这些物种才得以延续。和这些恐怖的大灭绝相比，人类历史上发生的一切灾难都是微不足道的小儿科。

至于为什么会发生这些大灭绝，科学界一直众说纷纭，没有定论。目前，

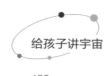

学术界只对为什么会在 6500 万年前发生白垩纪大灭绝达成了共识。这背后的故事很有趣，我来给你们讲讲。

20 世纪 70 年代，有一个叫沃尔特·阿尔瓦雷茨的美国地质学家跑到意大利的山区做实地考察。大家知道，地球的岩石可以堆积起来，变成所谓的沉积岩地层，其结构是一层一层的，越下面的岩石年代越久远。由于沉积岩地层中包含着大量的矿产和化石，它就成了一本记录地球历史的厚厚的书。沃尔特·阿尔瓦雷茨在阅读这本地球之书的时候，发现一层只有 6 毫米厚（大概相当于小朋友们一根手指的宽度）的薄薄黏土，把整个沉积岩地层拦腰截断；在它之下的岩层属于比较早的白垩纪，而在它之上的岩层属于比较晚的第三纪。更奇怪的是，在白垩纪的岩层中明明还有很多恐龙及其他动物的化石，但到了第三纪就什么都没有了。这层黏土这么薄，说明事情发生得非常突然。这到底是怎么回事？

在正常情况下，沃尔特·阿尔瓦雷茨根本不可能回答如此复杂的问题。但幸运的是，他有一个非常厉害的父亲，那就是 1968 年诺贝尔物理学奖得主路易斯·阿尔瓦雷茨。老阿尔瓦雷茨把儿子发现的黏土样本送到美国劳伦斯伯克利国家实验室去检验，结果让人大吃一惊：这个黏土样本中竟含

有大量的一种名叫铱的微量元素，这种元素的特点是在地球上非常罕见，但在太空中要丰富得多。后来小阿尔瓦雷茨又在世界各地都做了考察，足迹遍布欧洲、大洋洲和南极洲。他发现这个诡异的现象其实是全球性的：在世界各地分隔白垩纪和第三纪的黏土中，铱的含量都达到地球正常值的好几百倍。

最后，阿尔瓦雷茨父子得出结论，这层黏土绝不是地球上的东西，只能来自太空。不仅如此，他们还大胆预言，6500万年前一颗小行星撞击了地球，从而导致了白垩纪大灭绝。

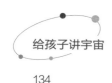

阿尔瓦雷茨父子的理论在古生物学界引起了轩然大波。一群外行突然不请自来，弄出了一个匪夷所思的理论，然后宣称能解决困扰古生物学界上百年的难题，这让所有的古生物学家都大为光火。他们群起而攻之，把这个小行星撞击地球的理论批评得一文不值。但老阿尔瓦雷茨也绝非善类，他带着一个物理学家特有的优越感，在《纽约时报》上发表文章，嘲笑所有的古生物学家都是"只会集邮的人"。

老阿尔瓦雷茨在 1988 年去世，但他的理论还是笑到了最后。1990 年，有科学家在墨西哥一个小镇附近的海湾中找到了一个巨大的陨石坑。研究表明，它恰恰是阿尔瓦雷茨父子所预言的那颗小行星撞击地球后留下的！由于这个有力的证据，学术界终于达成共识，正是这颗 6500 万年前撞击地球的小行星，导致了灾难性的白垩纪大灭绝。

6500 万年前的小行星，对人类的命运可谓至关重要。可能有不少小朋友都知道，白垩纪是属于恐龙的时代。当时，地球上到处都横行着各种各样高大凶猛的恐龙。而在那个时候，所有哺乳动物的祖先还只是一种仅有老鼠大小、为了躲避恐龙而住在洞穴里的小动物。要不是这颗不期而遇的小行星干掉了所有的恐龙，各位小朋友现在恐怕就只能趴在地洞里读我的书了。

更重要的是，这样的幸运人类并非只经历了一次，而是至少经历过五次。每一次，我们的祖先都能够死里逃生，同时让大灭绝把他们难缠的对手干掉。对于人类的幸运，著名科普作家、《万物简史》的作者比尔·布莱森曾做过一个非常形象的比喻："在将近40亿年的时间里，在每个必要的时刻，我们的祖先都成功地从一系列快要关上的门里钻了过去。"

其实类似的理由还有很多，我就不在这里一一列举了。很多人都觉得，人是万物之灵，而人类在地球上的崛起是不可阻挡的历史潮流。但事实上，现在我们之所以能够统治这个星球，只不过是数不清的偶然因素共同作用的结果。

人类差一点就无法在这个世界上存在，这听着就已经够吓人了。但下面我们还要讨论一个更吓人的问题：宇宙会不会有末日？

大家都知道，人类一直面临着一个终极的问题：我们将往何处去？历史上已经有过不少关于世界末日的猜想。比如，《圣经·启示录》就认为，有朝一日人类会在一个叫哈米吉多顿的地方进行最后的善恶大对决；耶稣基督将会降临，并帮助他的子民取得胜利，然后再对所有人进行审判。又如，美国桂冠诗人罗伯特·弗罗斯特在他的名作《火与冰》中留下了这样的诗句："有

人说世界将终结于火，有人说是冰。"

以前的这些关于末日的猜想都有
一个共同的特点：它们讨论的其实仅
仅是地球或人类会不会遇到末日。但
我们现在要讨论的是整个宇宙会不会
遇到末日：到了那一天，宇宙中所有
的星系、恒星和生命都将被同时毁灭。
在绝大部分的人类历史上，这个问题
都只能是宗教或哲学问题；但在经历

● 爱因斯坦 ●

了过去100年科学的飞速发展之后，现在它已经变成了一个真正意义上的
科学问题。恐怕你们很难想象，这个问题的答案竟然是："确实存在遇到
宇宙末日的可能性！"

很恐怖，对吧？但它的的确确是真的。下面我就来给小朋友们讲一讲
其中的道理。不过在此之前，我要先给大家讲一个大人物的故事，他就是
爱因斯坦。

爱因斯坦现在已经被公认为有史以来最伟大的两位科学家之一，比一

般的科学家厉害不知道多少倍。但他刚从大学毕业的时候，过得却比一般的大学毕业生要惨不知道多少倍。在爱因斯坦读书的那个年代，大学生非常稀缺。例如，在爱因斯坦就读的苏黎世联邦理工学院，和他同一届毕业的物理系本科生总共只有 4 人。所以在那个年代，大学毕业生都是不愁找工作的。这就让爱因斯坦有机会创造他人生中的第一个纪录：他成了联邦理工学院物理系历史上第一个没有找到工作的毕业生。

那时的爱因斯坦是一个相当叛逆的年轻人，喜欢挑战权威，而且还恃才傲物。爱因斯坦常常对讲课不好的老师（也就是联邦理工学院的所有老师）表示不屑，还总是逃课，这让所有的教授都很讨厌他。举个例子，物理系主任韦伯曾当众斥责他："你最大的缺点就是从不听别人的意见。"此外，还有一位数学教授闵可夫斯基甚至在一封给别人的信里大骂他是"懒狗"。所以在爱因斯坦毕业的时候，没有一位教授愿意雇他做自己的助教。比如韦伯教授，为了不给爱因斯坦工作机会，甚至雇了工程系的两个毕业生。

毕业后整整一年半的时间，爱因斯坦都找不到正式的工作，只能靠给别人做家教来勉强维持生计。在此期间，他恨不得给全欧洲的自然科学（数学、物理、化学等）教授都写了求职信，结果全部石沉大海。举个例子，

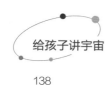

爱因斯坦给德国莱比锡大学的化学教授奥斯特瓦尔德写了一封信，信里哀求道："您是否需要一位数学物理学者做您的助手？我一贫如洗，只有这样一个职位才能让我继续进行自己的研究。"两星期后，他借口说"我忘了上封信是否附上了我的地址"，又寄出了第二封信。最后，就连爱因斯坦的爸爸都偷偷地给奥斯特瓦尔德写了封信，悲苦地请求他帮爱因斯坦谋求一个助教的职位。结果三封信都没有得到任何回音。讽刺的是，在9年之后，正是这位冷酷无情的奥斯特瓦尔德教授第一个站出来，提名爱因斯坦去评选当年的诺贝尔物理学奖。后来，爱因斯坦给自己的同学格罗斯曼写信诉苦，信中自嘲道："上帝创造了蠢驴，还给了它一张厚皮呢。"

最后还是老同学格罗斯曼救了爱因斯坦一命。他通过自己父亲的关系，让爱因斯坦走后门得到了一份伯尔尼专利局的工作。后面的事应该就有不少人知道了。1905年，爱因斯坦一口气发表了五篇划时代的论文，在量子论、原子论和狭义相对论三大领域都取得了革命性的突破，从而缔造了著名的物理学奇迹年。在学术界圣地屹立了超过200年的牛顿力学大厦，也因此被颠覆。

在取得了这么伟大的成就之后，爱因斯坦是不是就苦尽甘来，从此走上人生巅峰了呢？完全不是。当时除了极少数的专家，根本就没人搭理他，所以他还是只能待在专利局里继续做他的技术员。1908年初，苏黎世的一所高中在报纸上刊登广告，打算招聘一名数学教师。爱因斯坦心动了，向那所高中提交了申请，宣称自己也可以教物理。结果一共21个人申请，爱

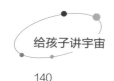
因斯坦在初选的时候就被刷掉了。

可能有小朋友要问了："爱因斯坦为什么会这么倒霉，在缔造了物理学奇迹年以后依然没能变成科学界的超级明星呢？"答案是，在那个时候，爱因斯坦并没有做出他一生中最大的贡献。到1915年，爱因斯坦才提出他一生中最伟大的理论，那就是被誉为科学史上最美理论的广义相对论。

很多人一听广义相对论就觉得特别可怕，好像只有科学家才能搞懂。但其实只要给它换一个名字，它马上就会变得好懂很多。大家可以把广义相对论理解成爱因斯坦引力理论。

小朋友们来跟我一起做一个思想实验。想象有一张很大的弹簧床垫。一般来说，一个小玻璃球在平坦的床垫上滚动的时候，都会走直线。现在把一个巨大的铁球放在床垫上，它立刻会让床垫陷下去。很容易想象，如果此时在这个大铁球的旁边还有一个小玻璃球，它的运动轨迹立刻会发生改变。如果玻璃球最初的运动速度足够大，它还可以逃离这个被铁球压弯的区域；如果最初的运动速度比较小，它就会沿着被压弯了的床垫撞上大铁球。好了，现在把床垫想象成空间，把铁球想象成太阳，爱因斯坦发现，由于太阳的存在而造成的空间弯曲，恰好就等同于把一切物体拉向太阳的万有引力。空间弯曲等同于万有引力，这就是广义相对论最核心的概念。所以大家可以把广义相对论理解成升级版的牛顿引力，也就是我们刚才说过的爱因斯坦引力理论。

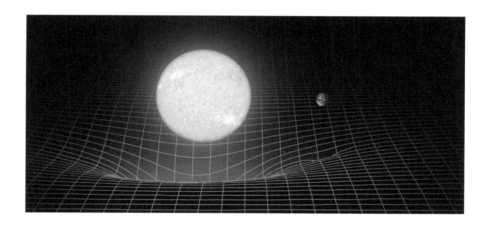

　　爱因斯坦提出广义相对论后，马上就用它来研究整个宇宙。结果不研究不要紧，一研究就出了巨大的问题。我们来说说到底是怎么回事。小朋友们都知道，由于地球的万有引力，各种被抛到天上去的物体最终都会落回地面。

　　要使这些物体不落回来，无外乎两种办法：第一，让物体以很高的速

度往外跑，比如人造卫星；第二，让物体受到与地球引力方向相反的力，比如热气球受到向上的升力。现在，把这个观察推广到整个宇宙。爱因斯坦发现，由于引力的作用，整个宇宙最终都会坍缩成一团。要真是这样的话，地球肯定会被挤扁。类似地，要想阻止宇宙的坍缩，也只有两个办法：（1）让整个宇宙都以很大的速度向外膨胀；（2）让宇宙中存在一种能产生斥力的物质，从而与引力相抗衡。

我们在第二讲里讲过，在爱因斯坦提出广义相对论的年代，人们普遍认为银河系就是整个宇宙的全部。很明显，银河系不会膨胀，所以爱因斯坦就认为第一种办法是不可行的。因此，他修改了自己的广义相对论，在其中加了一个宇宙常数项。这一项的作用是产生斥力，而且这个斥力的大小完全取决于宇宙常数的大小。通过调节宇宙常数的值，可以使它产生的斥力恰好等于宇宙中所有物质产生的引力，从而使整个宇宙保持静止。

但我们也讲过，到了 20 世纪 30 年代初，美国天文学家哈勃利用造父变星的标准烛光发现整个宇宙其实在膨胀。这个发现对爱因斯坦来说可谓是五雷轰顶。既然宇宙本身在膨胀，那他引入宇宙常数的举动就变得完全多余了。更要命的是，如果当年不引入那个宇宙常数，爱因斯坦本来有机会能预言出整个宇宙都在膨胀！你想想，在一个小小行星的一个小小角落，一个人完全凭借自己的思考就能够知道整个宇宙如何演化，这是一个多么伟大的成就啊！可惜由于选错了路，爱因斯坦失去了这个大好机会。爱因斯坦对此后悔了一辈子，以至于他后来都快成了"祥林嫂"，见了谁都要唠叨，说引入宇宙常数是他一生中最大的错误。

但现实往往比最离奇的想象还要离奇。在最近的几十年间，这个故事又发生了巨大的反转。

1998 年，利用一种叫 Ia 型超新星的标准烛光，美国的两个研究小组又发现了一件让所有人都目瞪口呆的事：我们的宇宙不但在膨胀，而且还是

在加速膨胀。也就是说，宇宙膨胀的速度正越来越快。这是一个非常伟大的发现，它的意义一点都不比哈勃发现宇宙膨胀小。由于这个发现，萨尔·波尔马特、布莱恩·施密特和亚当·里斯获得了 2011 年的诺贝尔物理学奖。

这听起来有点复杂，是吧？没关系，我来给你们解释一下。要想使热气球升空的速度越来越快，必须使热气球受到的向上的升力大于地球对它的引力。类似地，要想让宇宙能够加速膨胀，必须使宇宙中的斥力大于其中的引力。这就意味着，那个已经被爱因斯坦抛弃的宇宙常数竟然又复活了。只不过这回需要把它的值调得比较大，从而让它产生的斥力能超过宇宙中所有物质产生的引力。也就是说，爱因斯坦引入的那个宇宙常数，其实是 21 世纪的物理学碰巧出现在了 20 世纪！换言之，所谓的"爱因斯坦一生中最大的错误"，不但不是广义相对论的污点，反而是这顶科学皇冠上最璀璨的钻石！

现在学术界已经普遍接受，在宇宙中存在着一种非常神秘的物质，叫暗能量；它的作用就是为宇宙当前的加速膨胀提供斥力。科学家已经提出了很多关于暗能量的理论，其中最有名的就是刚才给大家介绍过的爱因斯坦的宇宙常数模型。也就是说，宇宙常数与暗能量并不等价，它只是暗能量的候选者之一。

可能有小朋友要问了："暗能量到底是什么东西呀？"实话告诉你们，现在这世界上还没有任何一个人能够准确无误地回答这个问题。要是有人能找到这个问题的答案，他不但能获得诺贝尔物理学奖，说不定还会成为下一个爱因斯坦。目前科学家能够确定的是，暗能量具有以下三个主要性质：（1）暗能量是"暗"的，它不会发光，也不会反射光，所以我们永远都无法看见它；（2）与常规的物质不同，暗能量产生的不是引力，而是斥力；（3）一般认为，暗能量来自真空，所以它无处不在，而且均匀地弥散在整个宇宙中。换句话说，暗能量其实离我们并不遥远，它就藏在我们每一个人的体内和身边。那为什么我们在日常生活中完全感受不到暗能量的存在呢？因为它的密度实在是太小了。据宇宙学家估算，1立方米的区域内所包含的暗能量的总质量大概只有10^{-26}千克。这是什么概念呢？我们知道，地球的平均半径约为6371公里。这意味着，就算把近100个地球所包含的暗能量全部加起来，也仅能让它的总质量达到1克，也就是一枚1元硬币的约1/6。暗能量的密度这么小，自然就对我们的日常生活毫无影响了。然而，尽管暗能量的密度特别小，但宇宙的任何一个地方都会有它。所以暗能量就积少成多，成了宇宙中一股非常强大的势力。最新的天文观测表明，

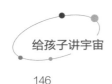

暗能量占宇宙总物质的比例达到将近
70%。换言之，暗能量才是宇宙中的
主导力量，而它的性质将决定宇宙最
终的命运。

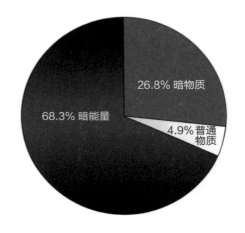

估计有些小朋友已经开始不耐烦
了："你不是要讲宇宙末日吗？怎么
老是讲暗能量啊？"别着急，我们马
上就要回到主线了。正常的暗能量模
型（例如爱因斯坦的宇宙常数模型）根本不会和任何宇宙末日扯上关系。
但是那个打开潘多拉魔盒的人已经准备好要登场了。

1999 年，美国物理学家罗伯特·考德威尔提出了一个全新的暗能量模
型。当时恰好有一部非常热门的好莱坞大片上映，那就是大导演卢卡斯的《星
球大战 1: 幽灵的威胁》。为了向这部大片致敬，考德威尔用幽灵的英文单
词 "Phantom" 来给自己的新模型命了名。它的中文名是幻影暗能量。

结果，考德威尔的理论一提出，立刻遭到了学术界的围剿。所有的审
稿人都使出浑身解数拼命刁难考德威尔，不让他的论文发表。正常情况下，

一篇论文从投稿到接收，一般需要三到六个月。但是考德威尔的这篇论文，却花了整整三年的时间才得以正式发表。为什么这篇论文这么招人恨呢？因为它指出了一种匪夷所思的现象：暗能量的密度可能会随着时间的推移而不断变大！

我来给大家解释一下这到底意味着什么。众所周知，我们所熟悉的世界，它的稳定是靠引力维系的。举例来说，我们之所以不会飘向太空，是因为地球的引力拉住了我们；地球之所以不会飘向太空，是因为太阳的引力拉住了地球；太阳之所以不会飘向太空，是因为银河系中心黑洞的引力拉住了太阳。如果没有万有引力，一切都会土崩瓦解。引力有一个特点，就是它非常稳定，不会因为时间而改变。换句话说，无论经过多长时间，维系地球、太阳系和银河系的引力都不会变大或变小。

我们前面说过，宇宙中每一个角落都存在暗能量，而且它会产生斥力。由于暗能量的密度特别小，导致它产生的斥力也特别小，所以我们在日常生活中根本就感受不到它的存在。但如果考德威尔的理论是对的，那麻烦可就大了。幻影暗能量的密度会随着时间的推移而不断地变大，从而导致由它产生的斥力也不断变大；与之相对，维系世界稳定的引力却永远保持

不变。所以总有一天，斥力将会超过引力，从而破坏原本由引力维系的这个世界的稳定。换句话说，到时候宇宙中所有的结构，无论是银河系、太阳系、地球还是我们本身，都会被幻影暗能量从内部撕碎。这个恐怖的末日景象就是"宇宙大撕裂"。

"宇宙大撕裂"会发生吗？2012 年，本书作者与其他三位同事合作，用当时最新的天文观测数据研究了宇宙最终的命运，后来发表的文章得到了几十家中外媒体的报道。我们的研究表明，目前的天文观测确实无法排除发生"宇宙大撕裂"的可能。在最坏的情况下，宇宙甚至有可能在 167 亿年后就遭遇毁灭。

我们不妨来开开脑洞，看看要是真有一个宇宙末日，世界到底会变成什么样子。假设宇宙大撕裂发生在公元 167 亿年 12 月 31 日的 24 点整。公元 167 亿年与现在最大的不同就是天上的星星全都消失了，而且已经消失了上千万年。但除此以外，在最后一年绝大多数的时间里，我们并不会感受到任何的异常。不过，在 10 月 31 日那天，我们会发现自己看不到冥王星了。随后，海王星、天王星、土星、木星和火星也像约好了似的，一个接一个地神秘失踪。到了 12 月 26 日，就连月球也离家出走了。我们亲眼看着它脱离了地球引力的束缚，然后像脱缰的野马一样消失在了太空的深处。真正恐怖的事发生在 12 月 31 日的午夜。12 月 31 日 23 点 32 分，幻影暗能量产生的斥力超过了太阳自身的引力，从而把太阳弄散架了。12 分钟后，也就是 23 点 44 分，地球仿佛被一个巨大的炸弹从内部炸开，也土崩瓦解了；大大小小的地球碎片散落在太空中，到处都是人们的哭喊声，不过他们的痛苦很快就要结束了。在末日到来前的十亿亿分之三秒，就连原子都会被幻影暗能量的斥力撕碎。然后就是"大撕裂"的时刻。在这一刻，幻影暗能量将君临天下，彻底摧毁宇宙中的一切。整个宇宙，甚至包括时间本身，都会在这一刻走向终结。

恐怕弗罗斯特做梦也不会想到，除了火与冰，宇宙中还隐藏着更恐怖的东西。

当然小朋友们也不用担心，上面描述的景象仅仅是一种理论上的可能。宇宙的最终命运将取决于暗能量的性质。而对暗能量的探索，无疑将成为 21 世纪最重要的科学任务之一。

1. 第一个把"臣妾做不到啊"用于正式学术报告中的人其实并不是乔治·斯穆特，而是香港科技大学物理系的助理教授王一。王一教授与本书的两位作者颇有渊源，他曾是李淼教授的博士生，同时也是王爽的师兄。

2. 乔治·斯穆特来中国并不仅仅是为了来当教授，他也是来做生意的。他的公司在香港、台北、高雄和东莞都设有服务网点。

3. 相对而言，约翰·马瑟更偏向于学术。他目前是 NASA 最重要的太空项目（詹姆斯·韦伯太空望远镜）的核心成员。

4. 如果收不到任何节目，电视机的屏幕上会出现雪花式的噪声，其中大概有 1% 来自宇宙微波背景辐射。

5. 根据量子力学，真空并不是完全空的。在真空中，一对虚粒子可以像幽灵似的凭空蹦出，其中一个的能量是正的，另一个的能量是负的，两者加起来恰好为零。它们会在某个时刻同时出现，先互相离开，再彼此靠近，最后撞到一起，消失不见。这个过程发生的时间特别短，所以一般人根本就不可能察觉。这个极度诡异的现象就是量子涨落。

⑥ 除了撞击说，还有一些其他的关于月球起源的理论。有人认为，月球和地球一样形成于46亿年前一团气体的坍缩，这一理论被称为同源说。还有人认为，月球是路过地球时被地球的引力所俘获的，这一理论被称为俘获说。不过美国宇航员从月球上带回的岩石样本并不支持这两种理论。

⑦ 也有一些科学家认为，只靠一次撞击未必能顺利地产生月球。实际的撞击可能发生了好几次。

⑧ 地质学家根据地层形成的先后顺序，将地层分为太古代、元古代、古生代、中生代和新生代。代之下的划分单元为纪。古生代包含寒武纪、奥陶纪、志留纪、泥盆纪、石炭纪和二叠纪；中生代包含三叠纪、侏罗纪和白垩纪；而新生代包含古近纪、新近

纪和第四纪。

9 可能造成生物大灭绝的因素有很多，其中一个很重要的因素就是气候的急剧变化。全球气温大幅上升或大幅下降，都可能引发大规模的生物灭绝。

10 著名实验物理学家、原子核的发现者卢瑟福曾说过一句名言："世界上只有两种自然科学：物理学和集邮。"讽刺的是，卢瑟福本人拿了一个诺贝尔化学奖。

11 1994 年，人类第一次观测到了太阳系内的天体撞击事件。一颗名叫"苏梅克 – 列维九号"的彗星被木星的潮汐力撕成了 21 个小碎块，然后它们自 1994 年 7 月 17 日起依次撞上木星。这些撞击的威力巨大，在木星上留下了比地球直径还要长的伤疤。

12 木星和土星是两台巨大的"太空吸尘器"。它们强大的引力拦截了很多彗星和小行星，避免它们对地球造成威胁。这也是证明人类非常幸运的另一个证据。

⑬ 说到地球毁灭，其实还有一个很现实的威胁。科学家发现，仙女星系最终将会与银河系相撞。好在这是 50 亿年后的事了。

⑭ 爱因斯坦曾经高考落榜。当时他去瑞士苏黎世参加联邦理工学院的入学考试，结果理科科目都考得很好，但好几门文科科目却考得相当糟。联邦理工学院的招生官员建议他去阿劳中学复读，来年再考。爱因斯坦很爱面子，就写信忽悠他住在意大利的家人，说他是去这个中学读大学预科班。

⑮ 1919 年的时候，英国有一个天文学家叫爱丁顿，他由于拒绝服兵役差点被英国政府关进大牢。有人为他求情，说可以派他带队去西非观测日全食，这样也算是为国家效力了。英国政府同意了。正是这次科学考察验证了爱因斯坦的广义相对论。

⑯ 1919 年观测日全食得到的大多数数据都支持爱因斯坦的广义相对论，但也有少量的数据支持牛顿的万有引力理论。爱丁顿深信广义相对论一定是正确的，所以在写论文的时候就把那些支持牛顿引力的数据扔掉了。

⑰ 第一篇指出宇宙在加速膨胀的论文出自哈佛大学的超新星观测组。这个研究团队的领导者是美国科学院院士罗伯特·科什纳教授。但科什纳这个人非常独裁，喜欢瞎指挥，弄得手下人全都怨声载道。结果此团队的两名核心成员亚当·里斯和布莱恩·施密特（他们都是科什纳教授的博士生）联手造反，把科什纳架空了。因此，后来的诺贝尔奖也没有颁发给科什纳。

⑱ Ia 型超新星也是一种标准烛光。我来解释一下它是怎么形成的。宇宙中存在着大量的双星系统，就是有两颗恒星在互相绕转。其中一颗恒星会率先变成白矮星，然后从它的同伴那里抢夺物质。当它抢过来的物质与它自身质量之和超过 1.44 倍的太阳质量（即钱德拉塞卡极限）时，就会引发一场超级大爆炸，从而把所有物质都转化成能量，并一口气抛入太空。这个过程会造就一颗看起来特别亮的新星，那就是 Ia 型超新星。因为每次爆炸释放的能量差不多都等于 1.44 倍的太阳质量，所以 Ia 型超新星也可以被视为一种标准烛光。

⑲ "宇宙大撕裂"只是两种可能的宇宙命运中的一种。另一种叫作

"宇宙大冻结"。在这种情况下，宇宙将会永远膨胀下去，并在耗尽所有能量后，最终变成一个黑暗、冰冷、没有活力、空荡荡的地方。

20 如果对我们研究宇宙末日的论文感兴趣，可以登录下面的网址：https://arxiv.org/abs/1202.4060。

图片声明

P3，29，30，91，124：© NASA

P5，8，14，16，22，25，28，42，46，49，52，57，62，69，85，86，94，97，106，108，122，126，129，133，139，142：南方插画工作室

P6，11，17，40，41，51，68，88，100，109，111，136：wiki commons

P10，56，59，60，73，98，99：站酷海洛

P55：视觉中国

P64：© C Y. Beletsky (LCO)/ESO/ESA/NASA/M.Zamani

P67：© BABAK TAFRESHI/高品图像

P71：© NASA/JPL–Caltech/ESO/R. Hurt

P75：© Robert Williams and the Hubble Deep Field Team (STScI) and NASA/ESA

P103：© Gwen Shockey/高品图像

P107：© NASA, ESA, J. Hester and A. Loll (Arizona State University)

P113：© NASA's Goddard Space Flight Center

P121左：© NASA/Bill Ingalls/高品图像

P121右：© LBNL/Roy Kaltschmidt/高品图像

P130：© GARY HINCKS/高品图像

P141：© T. Pyle/Caltech/MIT/LIGO Lab

图书在版编目（CIP）数据

给孩子讲宇宙 / 李淼，王爽著 . -- 长沙：湖南科学技术出版社，2017.8（2024.1 重印）

ISBN 978-7-5357-9414-7

Ⅰ . ① 给… Ⅱ . ① 李… ② 王… Ⅲ . ① 宇宙—儿童读物 Ⅳ . ① P159-49

中国版本图书馆 CIP 数据核字（2017）第 167797 号

上架建议：畅销·科普

GEI HAIZI JIANG YUZHOU
给孩子讲宇宙

著　　者：李　淼　王　爽
出 版 人：张旭东
责任编辑：林澧波
监　　制：吴文娟
策划编辑：董　卉
营销编辑：闵　婕　傅　丽
装帧设计：潘雪琴
内文插画：南方插画工作室
出版发行：湖南科学技术出版社
　　　　　（湖南省长沙市湘雅路 276 号　邮编：410008）
网　　址：www.hnstp.com
印　　刷：天津市豪迈印务有限公司
经　　销：新华书店
开　　本：710mm × 875mm　1/16
字　　数：85 千字
印　　张：10
版　　次：2017 年 8 月第 1 版
印　　次：2024 年 1 月第 8 次印刷
书　　号：ISBN 978-7-5357-9414-7
定　　价：49.00 元

若有质量问题，请致电质量监督电话：010-59096394
团购电话：010-59320018